U0151632

90天
学会超级存钱术

［日］横山光昭　著

王媛　译

北京联合出版公司
Beijing United Publishing Co.,Ltd.

图书在版编目（CIP）数据

90天学会超级存钱术 /（日）横山光昭著；王媛译
. -- 北京：北京联合出版公司，2023.8（2024.6重印）
（学会理财存钱系列）
ISBN 978-7-5596-7004-5

Ⅰ.①9… Ⅱ.①横…②王… Ⅲ.①财务管理 – 通俗
读物 Ⅳ.①TS976.15-49

中国国家版本馆 CIP 数据核字（2023）第 108461 号

『90日で貯める力をつける本』
90 NICHI DE TAMERU RYOKU WO TSUKERU HON
Copyright 2022 by Mitsuaki Yokoyama
Original Japanese edition published by Discover 21, Inc., Tokyo, Japan
Simplified Chinese edition published by arrangement with Discover 21, Inc.
through Chengdu Teenyo Culture Communication Co.,Ltd.

北京市版权局著作权合同登记号 图字：01-2023-3285

90天学会超级存钱术

[日] 横山光昭 著 王媛 译

出 品 人：赵红仕
出版监制：赵鑫玮
选题策划：小象柑橘 刘睿铭
责任编辑：周 杨
封面设计：王丽倩
内文排版：水京方图文设计

北京联合出版公司出版
（北京市西城区德外大街 83 号楼 9 层 100088）
北京联合天畅文化传播公司发行
北京美图印务有限公司印刷 新华书店经销
字数 110 千字 787 毫米 × 1092 毫米 1/32 6.125 印张
2023 年 8 月第 1 版 2024 年 6 月第 2 次印刷
ISBN 978-7-5596-7004-5
定价：48.00 元

前言

大家好，我是理财规划师横山光昭。

也可以叫我"家庭收支改造顾问"。

因为我这个理财规划师的工作，更多的是提供家庭收支方面的咨询，而客户大多是"零存款""家庭收支赤字""总是月光"的人，甚至是一些"金钱问题儿"。他们经常会用透支取现来弥补金钱上的不足，结果不知不觉就产生了大量的借款。

我经常接触这些为金钱苦恼的人，所以有着和其他理财规划师不同的体会，比如学会存钱的契机，行动上的变化，保持决心的方法，等等。因此，不管是"年收入较低""不懂如何存钱"，还是"家庭人口较多"，其中的存钱诀窍，我都非常了解。

我在2009年的时候出版了《我最受用的理财书》，这本书及后来出版的相关系列累计销售了100万册。而《90天学会超级存钱术》这本书就是对《我最受用的理财书》的内容更新。

为什么我会选择在这个时候更新，并且以《90天超级存钱术》为书名呢？因为我深切地感受到"存钱力"对于现在的人来说有多么重要。

为什么现在需要"存钱力"？

理由有两个。

第一个就是"抗风险"。

近期，大家逛超市时会发现食品价格上涨了，平时留心一下还会看到电费、燃气费也上涨了。

一个高物价、通货膨胀的时代正在向我们靠近。然而，我们到手的收入不但没有增加，反而出现了减少的情况。

再加上国外的形势不稳定以及通货膨胀，未来变得难以预测。物价上涨，收入不增，而经济前景不明朗，家庭经济困难的人便不断增加。

本书的第一版《我最受用的理财书》面市于2009年，当时正值雷曼事件发生后不久。金融危机席卷世界，日本自然也被卷入其中。经济不景气，个人生活自然也受到了很大的影响。

而现在，全球经济同样处于前景未知的情况中。

出现这般大危机时，降薪以及失业的风险便会增加。

真到了那个时候，如果没有存款，人们就会感到慌张，会选择妥协，会放弃自己想做的事情，甚至还容易被骗。

归根到底，能否顺利度过没有收入的日子，虽然和内心强大与否有关，但主要还是取决于存款的多少。

存钱在抗风险中有着重要的作用。

第二个理由就是"为了增加金钱"。

最近，大家常说"从储蓄转向投资"。2014年的时候普通型NISA[①]开始实施，2018年推出了累积型NISA。2016年个人缴费确定型养老金有了iDeCo[②]这个别称。近几年，以二三十岁的人为主，人们开始越来越多地通过iDeCo以及累积型NISA来投资信托。

我在2016年6月的时候出过一本书，叫作《为新手打造的3000日元的投资生活》。内容就是想要告诉大家用少量金额来"增加"金钱的重要性。这本书十分畅销。该书及后来出版的系列图书累计销量超过了90万本。

希望大家能够了解到，即便能投入的金额不多，也要从年

---

① 日本个人储蓄账户。——编者注
② 日本的个人养老金账户。——编者注

轻时开始长期分散投资，这点很重要。

但是，近期开始投资的人当中，有不少是出于从众心理，或是听从他人推荐，而盲目地开始投资。

经常会有这样的情况。明明家庭收支赤字，却从（预留出的生活费）存款中拿出一部分去投资，或者一边靠着信用卡维持生活一边投资，又或者原本已经因透支取现等原因而身背借款，随意看了几本投资相关的书，就开始沉迷于投资，而获得的结果时好时坏。

由于投资所用的并非剩余资金，所以当遇到麻烦而出现金钱不足时，只能亏着把钱取出来。有的人还会说"今年还能满额投入，明年可能就难了"，这与长期投资的观点相去甚远。

在"投资"中本末倒置的人也不在少数。

到最后，虽说是开始投资了，但在金钱不充足的情况下贸然挑战，投入了大量不必要的时间和精力，可能反而还会增加赤字。

总之，在不具备"存钱力"这一基本能力的情况下进行投资，不但不会增加存款，反而还有使存款减少的可能。

我认为，"存钱力"就是"管理金钱的能力"。

对待金钱，可以分为以下几个阶段进行思考和行动：

第1阶段：管理金钱

第2阶段：学习理财

第3阶段：有效地运用金钱

第1阶段"管理金钱"，就是对日常生活相关收支进行管理。记录家庭账本，掌握金钱的去向，减少不必要的支出，一点一点地积累存款，建立目标，等等。这是学会控制金钱最重要的基础时期。

而第2阶段"学习理财"，要做的就是通过阅读书籍和参加研讨会来学习如何有效运用第1阶段中所积累的那些金钱。

在第3阶段"有效地运用金钱"这个时期，就是将学到的理财知识"有效地运用"到你所积累的金钱上，也就是进行投资实践。

无视这三个阶段的顺序，直接跳到第3阶段"有效地运用金钱"，这种做法是不可取的。其结果基本上都是以失败告终。

首先，第1阶段"管理金钱"这项基本能力至关重要。

那么，如何才能掌握"管理金钱的能力"，也就是"存钱力"呢？

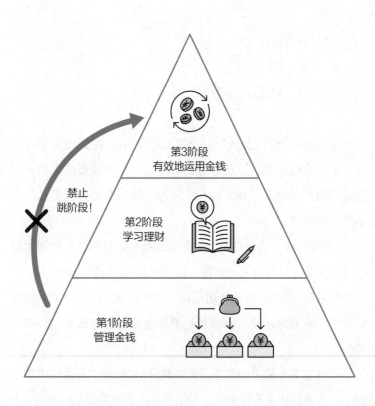

第3阶段
有效地运用金钱

禁止
跳阶段!

第2阶段
学习理财

第1阶段
管理金钱

在过去的十多年时间里，我接受过2.4万次咨询，其中"横山式90天存钱计划"发挥了很大的作用。尤其这里面有个方法能告诉你答案。

这个方法很简单。

列出所有支出，然后按消费、浪费、投资来进行划分。

可以说这是本书将教给你的唯一的方法。

这个方法虽然简单，但意义重大。

说到家庭收支情况的好转，很多人应该最先想到"节约"吧。

但是，一味地节约，不去花钱，并非就是好事——生活会因此变得无聊乏味。

想方设法地不去花钱，那只是单纯的小气。

就算能够存下钱来，可能也会无法感受到人生的乐趣。

与其吝啬1日元的支出，了解一下金钱应该"花在哪里""如何花"，更能带来改变。

现在这个时代，需要的是"自我轴心"。

你要考虑的不是他人的想法如何，而是以自己使用金钱的理解来确立轴心。

总之，比起去计较"花多少钱"，明白"花在哪里"更重要。

自我轴心的确立，重要的是要有自己的价值基准。

让我们先按自己的理解把支出分为"消费""浪费""投资"三类吧。

记录家庭账本的目的，不是事无巨细地掌握每一笔金钱的进出，而是了解金钱的使用方式以及去向。

还有就是让自己了解到消费、浪费、投资三者的比例（平衡）。

比如说，房租、水电燃气费、生活日用品、医疗费等项目属于"消费"；烟、咖啡这些嗜好品，以及外汇投资等投机性较强的投资就属于"浪费"；储蓄以及考取资格证书时的学习费用这些，对自己将来有帮助，属于"投资"。

不过，有些支出不能这样简单地来判断。

一般来说饮食费属于"消费"。如果经常在外就餐，由此产生的费用就属于"浪费"的范畴。但如果这是为了创业或认识新伙伴，有助于自己将来的发展，那就属于"投资"的范畴。

就旅游费用而言，也不能认为它是一种单纯的娱乐支出，而直接断定为"浪费"。它也可以是丰富自我的"投资"。

即使是同一个项目，也可以有不同的类别划分。用自己的价值观去判断即可，这是打造"存钱体质"的基础。

理想的情况是浪费为零，但也不要太死板，有时可以允许自己有一些不必要的支出，这样反而更有助于培养"存钱力"。

大家要在90天的时间里，坚持这个方法，"列出所有支出，然后按消费、浪费、投资来进行划分"。

为什么是90天呢？理由有两个。

1. 容易产生变化
2. 方便和存不下钱的自己进行比较

我在帮助了这么多赤字家庭改善收支之后，发现90天是最为合适的。

"列出所有支出，然后按消费、浪费、投资来进行划分"的过程中，很重要的一点是不要把自己逼得太紧，也不要把项目划分得太细致。

你可以用电脑或手机应用软件来记账。但也有很多人会觉得太麻烦或设置起来较难，所以可能还是先从手写记录开始比较好。

有些家庭账本会划分得特别细致。比如光是饮食费，就可以分为肉和鱼、米、在外就餐、嗜好品等。不过一开始不用那么用力过猛。如果你想要记录得更为详细，那另当别论。不然太过执着于细节，反而会造成负担，很难坚持下去。

刚开始记账的时候，肯定会经常纠结"这属于哪一个项目呢？"。因此，不要把项目划分得太碎，这也是持之以恒的诀窍。

"虽然想要存钱但总存不下来"，有这样烦恼的人，其实有很多是做事一丝不苟的人。

说白了，其实存不下钱的人，就是"认真努力过头了"。

容易"给自己制定不切实际的目标和计划表""一会儿开心，一会儿失落，情绪起伏较大""把自己逼得太紧，总想着'一定要做出成果来！'""过于敏感，容易急躁"。

因此，大家可以**不用太过细致，稍微粗糙一些，不要给自己带来太大的负担。**

日本政府呼吁"从储蓄转向投资"，鼓励"投资"。当然，金钱充足的人会把富余的钱用于投资，以此不断增加金钱总量。

我明白在现在的社会情况下那份着急的心情，也能够理解很多人想要开始投资的想法。

但是，不管是想要投资的人还是没钱投资的人，首先要做的是"掌握存钱力"。

为此，我写了这本书。

有人可能会觉得有些不安，认为等待存款积累的过程会浪费掉很多时间。

因此，我建议大家用90天的时间来培养一定的"存钱力"，之后便可以开始"投资"。

已经开始投资的人也可以跟着做。"存钱力"的养成，有助于提高"增加金钱的能力"以及"运用金钱的能力"。

投资是家庭收支和存款的延长线。

没有"存钱力"，就无法做好投资。

因此，希望大家在阅读本书后，已经开始投资的人能够更好地改善自身家庭收支情况，想要开始投资的人则能够打造出适合投资的自身环境。

另外，在本书中，我新增了关于"累积型NISA"以及"iDeCo"的说明。在90天时间里找到存钱诀窍的人，可以开始尝试这些简单的投资方法。

那么，为了增加存款，挑战投资，为了生活充裕且充满乐趣的将来，从现在开始改变吧。

希望这本书能够帮上大家。

横山光昭

2022年9月

目录 | Contents

第1章

了不起的"存钱力"为你带来充裕生活

第2章

你存不下钱的原因

第3章

明天就会发生改变！存钱体质锻炼

90 天计划　提升 10 倍存钱力

第5章

致 90 天后想要开始投资的你

第6章

致仍然存不下钱的你

第1章

了不起的"存钱力"
为你带来充裕生活

为什么现在需要"存钱力"

　　我先来简单说一说最近在家庭收支咨询中所了解到的现状吧。

　　有的人原本应该把"非必要支出的减少"放在首位，或者已经因透支取现而身背借款，却稀里糊涂地开始使用累积型NISA以及iDeCo等进行投资，甚至还购买了比特币等加密资产，想要一下子以此获得大量收益。

　　考虑到晚年生活，确实应该尽早开始投资。

　　而且我也推荐大家去选择享有税收优惠政策的累积型NISA和iDeCo，但如果**在家庭收支入不敷出的情况下进行投资，那就是本末倒置了**。用于投资的金钱越来越多，生活却反而陷入困难，甚至因此有了借款，那么投资就失去了意义。

　　我在前文也简单提到过，每个人都有自己所处的金钱阶段，**如果做出和该阶段不符的行为，那么必定会失败**。

对投资感兴趣，这肯定不是什么坏事。但如果在金钱不充足或家庭收支尚未达到平衡的情况下挑战投资，那么最后就只剩拼命去避免或弥补亏损的份儿。投入大量不必要的时间和精力，可能反而会越亏越多。

有些人在一开始就选择尝试难度较大的投资，结果损失巨大。

因此，**了解清楚自己的"金钱阶段"，找到适合该阶段的存钱力提升方式，这点非常重要。**

这里，我再来重新解释一下金钱阶段。

第1阶段：管理金钱

第2阶段：学习理财

第3阶段：有效地运用金钱

第1阶段：管理金钱

这是对日常生活相关的金钱，也就是**对日常收支进行管理的阶段。**

总的来说，就是记录家庭账本，从整体上掌握金钱的去向，减少不必要的支出，避免无意义的借款，一点一点地积累存款，确立目标……这是学会控制金钱**最重要的基础阶段。**

第2阶段：学习理财

在这一阶段，要做的就是**学习今后如何有效运用第1阶段中所积累的那些金钱。**

当然也可以在实际投资中进行学习，但经常会有人过于投入其中，甚至沉迷于以高风险追求收益的"投机"，导致生活失去平衡。

如果知识和信息不足，就无法取得进步。因此，该阶段的首要任务是阅读一些金钱管理方面的书，参加一些研讨会，为下一阶段做好准备。

不要急于投入实践才是关键。

第3阶段：有效地运用金钱

这个时期就是**将学到的理财知识"有效地运用"到你所积累的金钱上。**

换句话说，就是进行投资实践。投资时，比起追求短时间内的高收益，不如追求每个月实实在在的收益积累。做好长期的、分散的投资，期待金钱不断增加，为将来的充裕生活而努力。

那么，你最期待的阶段是哪一个呢？

我想应该是能够增加金钱的第3阶段吧。

从第1阶段到第3阶段，不断积累金钱带来的乐趣和充实感也会逐渐增加。

那么，大多数人处于哪一阶段呢？

大家应该已经知道答案了吧。就是第1阶段。

处于第3阶段，能够自如地运用金钱的人数则最少。

而最需要提升金钱管理能力，了解相关正确知识的也是处于第1阶段的人。

然而，人们常会因为自己心中的憧憬和梦想，或错误的判断，去做不符合自己所处阶段的事情。比如说，跳过第1阶段直接去做第3阶段的事，等等。

不得不说，结果大多是失败的。不了解自己所处的阶段贸然行动，最终导致失败也是理所当然的。

存钱没有捷径，也不存在魔法。明白这一点，就已经向掌握存钱力的道路迈出了一大步。

为了今后能顺利存钱，大家要经常想一想自己目前所处的阶段，以及应该做的事情。

这与"存钱力"的养成有着直接的关系。

掌握了"存钱力"，就可以轻松增加家庭存款。

既能够享受充裕生活，以备"万一"，还能通过累积型NISA及iDeCo等为将来积累资金。

而金钱阶段，就是实现这些的基准之一。

只要拥有"存钱力"，
遇到困境也没关系

我和很多出现家庭经济危机的人交谈过。

他们确实是各有各的原因。虽然从结果上来看，大家都为金钱所苦，但发展成这一结果的原因各不相同。

不过，这些原因大致上可以分为两种：一是不必要花费、奢侈、毫无规划的玩乐等导致的**"浪费型"**；二是经济低迷造成的**"不景气型"**。

就收支存在不平衡的"浪费型"而言，原因可能是对金钱的敏感度较低而花钱大手大脚，或者是随着年龄增长以及收入增加，逐渐开始习惯于生活中的"小奢侈"。而在家庭和工作中遇到不满、有压力或心烦的时候，就会不假思索地冲动购物。甚至还有可能是这些原因共同导致的结果。

不过，"浪费型"造成的问题并不难解决，只要控制花钱就行了。

其原因主要是**收入增加带来的"奢侈习惯化"以及压力等导致的"心情烦乱而乱购物"**。关于奢侈这一点，只要能够明确自己的价值观，在支出上做到张弛有度，家庭收支状况就能在一定程度上得到改善。心情上的烦乱可以通过确立不受流行趋势和他人影响的自我轴心，从而使乱购物的问题得到解决。

但是，"不景气型"造成的问题并不能通过自身的改变来解决，所以需要引起重视。

最近在日本，非正式员工增加、工作方式发生变化、津贴未发等问题，导致很多人收入减少，这引起了不少关注，生活费不足的情况也随之发生。这时候该如何去填补那份不足成了难题。

到底是选择从原有的存款中取出来一些，还是通过开展副业来增加收入，或者是先暂时从别处借一些来用。

没有存款的时候，人们会感到慌张，会选择妥协，会放弃自我，也容易被骗。有些人也会选择用自己平时从不触碰的信用卡贷款来解决生活费不足的问题，结果借款缠身，生活质量一落千丈。

归根到底，能否顺利度过收入中断的日子，（虽然和内心强大与否也有关系）主要还是取决于存款的有无、多少。

由于工作性质的关系，我经常能够听到客户诉说他们内心真实的感想。

有很多人说过"自己那个时候如果没有存款的话，肯定跨不过那道坎"。

而没有存款的人则是叹息 "真是一下子就跌落谷底了" "要是那个时候能有些存款的话，就不会借那么多钱了"。

遇到困难时，拼的就是经济实力。这就是当今时代的人的宿命。

"拥有多少存款才能够放心？"

那么，存款达到多少才能够放心呢？我认为应该是7.5个月的收入。

要想保证生活费的稳定，也就是说即使出现额外支出也无须动用存款，就需要预留出1.5个月的生活费，作为生活费专用的"可使用存款"储存起来。若是因为特殊情况，用掉了那预留的0.5个月的部分，之后要想办法补回去。

浪费型	不景气型
● 不必要花费 ● 花钱大手大脚 ● 赌博 ● 习惯于"小奢侈" ● 冲动购物	● 经济低迷 ● 物价上涨 ● 实际到手收入减少 ● 加班费减少
↓	↓
通过自身的改变 能够在一定程度上 得以解决	自己无法掌控

家庭经济情况
恶化！

没有存款时……

● 无谓的慌张

● 最终选择妥协

● 放弃自我

● 容易被骗

另外，遇到**收入减少、因生病或受伤无法工作的情况，需要有生活保障资金，这部分至少要有6个月的收入。如果能做到的话，还是希望尽量存够12个月的收入。**

除此之外，如果有2～3年内需要用到的教育费或者住房的首付，那么这部分也要作为"预留存款"提前准备出来。

在保证这些资金储备的前提下，再来考虑如何"增加"金钱吧。

存钱的"三种方法"

"节约就是一笔可观的收入。"

这是文艺复兴时期的先驱思想家、人文学者德西德里乌斯·伊拉斯谟（约1466—1536）说过的一句话。减少生活中无意识的支出就相当于获得了一笔收入。

这句话在当今时代依然适用，说是普遍真理也不为过。而且对大多数人来说，这个法则非常有效。

关于存钱，在理论上有一个绝对不会被撼动的黄金法则（绝对法则）。

这个法则很简单，就是把赚进来的钱尽可能多地留下。换句话说，就是**"尽量不去过多地使用赚来的钱"**。听起来既简单又乏味吧。

但是，简单中往往藏有大智慧。

让我们用更浅显易懂的方式展开说说吧。

假设一个人原本的"收入－支出=1万日元"，现在想要变为"收入－支出=3万日元"。

那么该怎么做呢？其实只要考虑如何产生差额就可以了。方法有三种。

第一种：增加收入

第二种：减少支出

第三种：增加收入的同时减少支出

这应该也很好理解吧。

最佳方法肯定是第三种"增加收入的同时减少支出"。

即便对于高收入的人来说，理想的方法也是第三种。话虽如此，但要在现实生活中使用这种方法其实非常难。

那么如果要你从第一种"增加收入"和第二种"减少支出"之间选一个，你会选择哪一个呢？

虽然根据每个人的性格和生活环境不同，选择也会有所不

一个人原本的"收入－支出=1万日元",现在想要变为"收入－支出=3万日元",那么如何来增加这2万日元的可支配金额呢?

第一种:增加收入

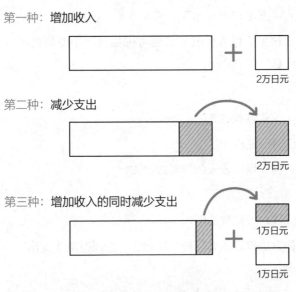

第二种:减少支出

第三种:增加收入的同时减少支出

理想方法是第三种,但较难实现。
在第一种和第二种之间,选择第二种的人收获的成果持续稳定。

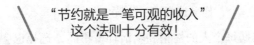

"节约就是一笔可观的收入"
这个法则十分有效!

同，但通常最佳选择应该是第二种"减少支出"。这是我做了大约2.4万次家庭收支咨询后得出的结论。

假设有个人希望自己每个月都能够存下2万日元，也就是说其每月需要增加2万日元（一年24万日元）的收入。你觉得这个人会选择通过副业或兼职来赚钱（第一种），还是尽可能地减少支出（第二种）？哪个实现的可能性更大呢？

85%～90%的人会选择第二种"减少支出"。

当然，一开始多少会觉得有些压力。毕竟之前都是想怎么花钱就怎么花钱，现在却要尽量有所节制。但是，之后能够获得稳定成果输出的不是选择第一种"增加收入"的人，而是选择第二种"减少支出"的人。

曾经的我也总认为与其着眼于那一项又一项的细小支出，不如赚钱来得有意思，也容易收到效果。因此，有一段时间，当有客户选择第二种"减少支出"的时候，我总会补上一句"比较起来，第二种方法挺无聊的，可能会很辛苦"。

曾经的我真的是个很过分的顾问吧。根本不考虑客户本人的性格和生活环境，带着自己的想法去给出选择建议。后来从那些取得效果的人身上，我发现原本的这些想法完全错了。

确实还有大约10%的人会选择第一种，他们基本上都是个体经营者或企业经营者，他们的当务之急就是增加销售额、增加收入。最近，越来越多的公司职员等上班族也开始通过开展副业等方式来增加收入。

相反，选择第二种"减少支出"的人中，有80%是公司职员，20%是个体经营者。而全社会公司职员和个体经营者的人口比例也是8∶2。这与选择"减少支出"的构成比率完全相同。

总之，对于多数人来说，减少支出是增加金钱最有效的办法。

因此，如果你现在是企业经营者，或具备开展副业的条件，那么选择第一种"增加收入"也没什么问题。但如果不是，第二种"减少支出"才是你通向存钱的"捷径"。

想要改变之前的浪费体质，想要拥有存款……那么就要先具备减少支出、控制支出的能力。

放心，"减少支出=节约"并不像我曾经误解的那样无聊又辛苦。

你可以一边享受乐趣一边存钱。在快乐中存钱既给予你希望，还能助你实现梦想。

为此，拥有属于自己的"价值观""梦想""目标""计划"很重要，这些后文中会再提到。

那么，让我们一起努力减少支出、拥有存款吧。

正因为不擅长存钱，
制订计划才更显重要

● 正好碰到大减价，就忍不住买了点衣服。（找借口）

● 虽然知道要多存点钱比较好，但每个月还是会花光。
（目的不明确）

● 买了家庭账本，却没使用。（执行力不足）

明明已经尽量减少了不必要的花费，却还是一点钱都存不下来。很多人都有这样的烦恼。

有这类烦恼，**存不下钱的人**，其实说白了，大多是"**认真努力过头的人**"。

● 经常给自己制定不切实际的目标和计划表。

● 一会儿开心，一会儿失落，情绪起伏较大。

● 把自己逼得太紧，总想着"一定要做出成果来"。

● 过于敏感，容易急躁。

在这样的状态下当然会存不下钱，大家现在可能都是这么想的吧。不过，那是因为现在的你能够做到从客观的角度去看待这些事情。而在通常情况下，人们并不会意识到自己有这样的倾向。

"啊，下星期就要开始存钱了，那就趁现在好好奢侈一番吧！"

虽然听起来不太真实，但这确实是我的一位客户说过的话。

反之，擅长存钱的人"比较豁达，不管对什么事情都能享受其中"。

● 设定适合自己的目标，不勉强自己。
● 保持淡然的心态，情绪不大起大落。
● 享受节约的乐趣。
● 即使进展不顺利，也不会找借口。

话虽如此，但性格不是说改变就能改变的。那么，该怎么做呢？

因此，为存钱制订计划就显得非常重要。

就算不用太辛苦，也能够自然而然地存到钱。心情也不会轻易被结果左右，能够淡然地面对。在不知不觉中就能够把钱存下来。

不管是什么性格的人，都能够存下钱来，这就是计划的威力。

于是，我将存钱这件事结构化，制订了"横山式90天存钱计划"。20多年来，我一直和那些想要改善家庭收支，希望拥有存款的人一同实践这个计划。

第4章会对横山式90天存钱计划做具体介绍。你就姑且当是被我"骗"了一次，先试试看。其效果是经过事实证明的。

不过，对于存不下钱的人来说，有需要格外注意的地方。

越是认真努力过头的人，在实践存钱计划的时候，越容易把自己逼得太紧，总想着"一定要把钱存下来"。

而且，明明进展非常顺利，他们却在中途突然冒出一些没有答案的疑问，像是"按照这样去做没问题吗？""现在存钱有意义吗？"，然后陷入苦思冥想中。

因此，在实践横山式90天存钱计划的过程中，即使你抱有疑问也不要深究，等计划结束后再去斟酌。先把一开始的计划完成，之后再进行自我评价。

这种心情上的转换以及做事时的果断和决心，对于掌握存钱力来说也是十分重要的因素。这是我从客户的实践经历中得到的体会。

首先要明确"存钱的理由"

你为什么会想要开始存钱呢？

是因为听到他人说晚年的资金会不够？是为了积累孩子的教育资金？还是为了实现自己的梦想？我和客户**具体地聊过他们各自"想要开始存钱的理由"**。

我发现大部分人回答的都是：

"经常听到有人说以后钱会不够用，就觉得很不安，所以就想先开始存点钱。但是，总也存不下来……"

这样的答案很笼统。

大多数人并没有什么存钱的目的，只是想通过存钱来打消心中莫名的不安。没有决心，没有期望，就稀里糊涂地开始存钱，这才是存不下钱的原因。

那些拥有钢铁般强大意志力的人另当别论，但钱并不是稀里糊涂就能轻易存下来的。

人就是在有钱时想要去花费、想要去放松的生物，但现实情况是我们需要用有限的收入来满足一家人的生活，其实在金钱上特别充裕的人屈指可数。

总而言之，人们需要控制花钱的欲望，找到属于自己的思考方式与价值观，并将其反映到家庭收支当中。

因此，**要把关注点放在"为了什么而存钱"上**。

"明确存钱的目的。"

要明确自己存钱的目的以及目标。属于自己的思考方式和梦想不需要有多么了不起，只要具体且切实可行即可。

"带有目标地存钱"和"没有目标地存钱"的结果是明显不同的。

这点从我的客户所取得的成果中也可以看出来。让我们来看一看具体的例子吧。

● A想在最近几个月尽可能地多存点钱。

● B想在3个月的时间里存够8万日元，用来购买数码单反相机。

A在第1个月存下了1万日元，但在第2个月一不小心花多了，存了0日元。第3个月感到有些着急，就开始努力存钱，存下了5000日元。3个月过后，总共存了1.5万日元。照这样看来，A在第4个月应该又会肆意花钱了吧。

而B在一开始就定好了数字。在最初的两个月多存一些，每月存3万日元，最后的一个月则存2万日元。有了目的，就有了努力下去的动力，最后，B成功买到了相机。

设定目标这个小技巧，能够改变金钱使用习惯，激发自己的决心。

"还没有找到目标的人，为拓展自己未来的可能性而存钱。"

虽然知道存钱时有个目标会比较好，但是现在还没有找到那个目标。这时候有人又会这样问我：

"即使还没有梦想和期待，也要先开始存钱吗？那这又是为了什么呢？"

答案很简单。我会这样回答：

"现在的你努力存钱，积累存款，能够为今后的你增加选择的可能性和空间。所以希望你能够开始存钱。"

总之，想要先尽可能地多存点钱。

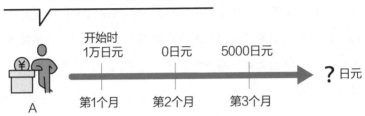

开始时
1万日元　　　0日元　　　5000日元

第1个月　　　第2个月　　　第3个月

? 日元

A

**想在3个月后买一台数码单反相机。
要存够8万日元！**

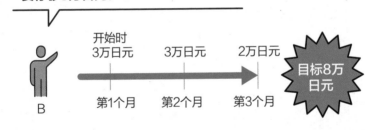

开始时
3万日元　　　3万日元　　　2万日元

第1个月　　　第2个月　　　第3个月

目标8万
日元

B

**明确"自己为了什么而存钱"
这点非常重要！**

存钱并不是为了打消对未来的不安，而是为了增加自己未来选择的可能性。

从为未来而存钱这个层面上来讲，两者的方向可能是相同的。**但是存钱的动机是消极的还是积极的，会给存钱力的提升带来完全不同的影响。而这种影响在人生这一长长的跨度中会显得更为明显。**

90
day's

这就是存钱的八个步骤

有很多人在多次尝试后，仍然存不下钱。于是就想要改变这样的自己。

前文中提到过，我的工作是为那些"金钱问题儿"提出一些建议，让他们能够改进自身的不足之处，提高自己的存钱力。家庭收支得到改善，生活方式也会随之发生变化。

那么，这里有两位客户的例子，让我们一起来看一下吧。

● 山本顺一（化名），27岁、单身、公司职员，年收入450万日元。

存款为零。到目前为止出现过的最高存款额是刚发奖金时的30万日元。据他本人所说，平时不会乱花钱，生活也并不奢侈，但到了月末却总会没钱。想和女友步入婚姻，于是通过90天计划改变了自己多年以来的无规划生活。在实践该计划的第2年，存款达到160万日元。

● 加藤芙美（化名），35岁、家庭主妇（有兼职工作），
  年收入80万日元。

一家三口，丈夫年收入500万日元，孩子在上小学。出于孩子的学习以及自身缓解压力的需要，经常会购物。结果发现每月收支赤字且存款为零。考虑到将来，在他人的建议下开始进行iDeCo投资，但赤字情况仍未得到改善，依靠信用卡的定额分期付款来生活。认识到问题后，开始实践90天计划，3个月后摆脱赤字，并且能够开始积累存款。经过两年多的时间，已经拥有一定的存款，因此开始以1万日元的资金进行累积型NISA投资。

以上列举出的客户，可能比你更属于"金钱问题儿"。

但他们全都成功地改善了家庭收支，掌握了存钱力，最大限度地增加了自己存钱的可能性，过上了幸福生活。

山本先生在改变了随意花钱的习惯之后，发现自己的工资足以过好婚后生活，也开始相信自己是能够存下钱的。其女友看到他的改变，也觉得非常放心。

考虑到孩子的学费以及将来的生活，加藤女士下定决心要学习并掌握"存钱力"。之前她盲目地开始iDeCo投资，却不知

道投入iDeCo的钱需要到60岁才能取出来，结果本末倒置，只能一边用信用卡借款，一边维持生活。她在改变了这种用信用卡借款生活的方式之后，渐渐积累起存款，能够从更加积极的角度去考虑孩子以及全家人的将来。

因此，怎么也存不下钱来的各位，不要灰心，抛开曾经的经历和成见，再一次试着存钱吧。

可能你现在还在不断地刷信用卡购物，可能你在发工资前总是在所剩无几的余额中艰难度日，但是……

◎ 这样的生活，不能再继续下去了。
◎ 讨厌存不下钱的自己，想要改变人生。
◎ 想要把钱花在有意义的地方。

只要你有这些想法，就完全有机会和能力改掉乱花钱的习惯，成为存钱达人。

对于想要开始存钱，想要变得更好的人来说，怎么做才能改变呢？我总结了以下几个步骤。

存钱的八个步骤

1. 了解自己的性格和花钱习惯
2. 找出自己无须勉强也能够做到的金钱习惯
3. 审视现有的固定费用
4. 既要有存款目标，也要有除金钱以外的行动目标来增添乐趣
5. 判断现在的情况是否适合存钱
6. 通过期限设定，巧用数字来了解自己
7. 回顾90天获得的成果
8. 拥有存款，挑战投资

通过这些步骤，"金钱问题儿"们不仅能够在金钱上实现大逆转，人生也会发生改变。为了方便，你可以根据自身情况进行调整，我来介绍一下八个步骤的内容。

1. 了解自己的性格和花钱习惯

先回顾一下自己以前是如何花钱的。

从零花钱、压岁钱，到兼职收入和平时的工资。这些钱你都是怎么花掉的呢？

这样做并不是为了责备自己，而是为了更好地了解自己的

习惯。过去的失败反映了自己的花钱倾向，从中能够找到自己需要改善的地方，所以要认真回顾。

2. 找出自己无须勉强也能够做到的金钱习惯

一件事如果无法坚持下来，那就毫无意义。不要想着去挑战和存钱有关的所有事情，而要考虑自己是否真的能够做到。

比如"制作一份控制在100日元以内的省钱菜谱""睡觉前拔掉所有家用电器的插头……"像是这样费时又费力的省钱法，你能够一直坚持下去吗？如果不能，那就从更大胆的角度去考虑减少支出。

3. 审视现有的固定费用

养成习惯，经常问自己"这个真的是必要的支出吗"。在不知不觉中，我们已经习惯于生活中的便利以及一些固有的价值观。因此，对于那些看似是固定费用的支出（手机费用、烟草费等），也要好好审视一番。这样有助于形成"自己的价值观"。

4. 既要有存款目标，也要有金钱以外的行动目标来增添乐趣

很多人可能有这样的误会：只有金钱才能赋予人生意义。

虽然存钱时有一个具体的数值目标很重要，但也不能少了行动目标。想做的事情或者想实现的梦想，这些更是存钱的动力。

比如说，半年去旅行一次，让自己放松一下。这样，你才会活得更加闪耀。

5. 判断现在的情况是否适合存钱

现在的情况是否能够让你安心存钱？如果还有定额分期付款或高利率的借款尚未还清，那么不管你怎么节约都存不下钱。在每月收支基本持平的情况下进行累积型投资，也是同样的道理。这样下去，只会入不敷出，然后用原有的存款或其他办法来弥补，这就好比是竹篮子打水。欲速则不达，切勿焦急。

6. 通过期限设定，巧用数字来了解自己

实践存钱计划的时间为90天。想要提升效果，就应设定一个固定且不会太长的期限。

让我们摆脱"船到桥头自然直"这样的主观思维，抛弃因工资不高而产生的放弃念头。为此，需要巧用数字，具体方式会在第4章中介绍。

7.回顾90天获得的成果

经过90天的存钱计划实践，来回顾一下吧。自己一开始设定的目标是否达成了？将现实情况与当初自己心中所描绘的理想情况进行比较，并通过数字"可视化"。建议大家把计划结束后的感想用自己的话写下来。

8.拥有存款，挑战投资

学会存钱当然很好；但只靠存钱，很难让金钱增加。

为了将来考虑，也可以来挑战一下投资。通过累积型NISA和iDeCo，像积累存款那样进行投资。

按照这八个步骤来进行实践，自然而然就会让金钱意识融入到自己的生活当中。

你肯定能够收获成果，对于金钱相关基础能力的掌握也会信心倍增。激发自己的决心，是更直接，也更可靠且稳定的方式。

掌握这种思考方式将是一生的财富。

第2章

你存不下钱的原因

比起小气节约法，
减少固定费用才是捷径

　　要想存下钱，就必须控制花出去的钱（支出）。首先要明确的是，支出的内容可以分为两类：每月支付金额不变的"固定费用"（固定支出）和每月支付金额存在变化的"变动费用"（变动支出）。

- 固定费用：房租、人寿保险费、手机话费等。
- 变动费用：饮食费、电费、燃气费等。

　　可惜大多数人对固定费用并不太在意。明明每个月都会有固定的金钱花费，却从来没有想过要去减少它。反而只把目光放在那些想方设法才能压低的变动费用上。杂志上经常介绍的节约方法也都是关于每月金额存在变化的变动费用部分，像是饮食费、电费、燃气费。而效果的好坏则取决于完成度，所以并不稳定。

而固定费用的金额每个月都是相同的，所以一旦减少下来，就会带来稳定的效果。反过来说，如果不减少固定费用，它就会一直从你身上榨取金钱。

顺便说一下，手机套餐费以及网络费用，即使你不去使用也必然会产生一些支出，所以也应该当作固定费用来看待。

减少支出以增加收入，就要优先考虑减少固定费用。

为此，首先要充分理解固定费用是什么，是如何进行支付的，以及其背景是什么。

当今社会充满了便利的物品、服务以及信息，我们已经把生活中的便利与快捷当成理所当然。

体会到一次之后，人们对便利性的需求便是永无止境的。社会正以极快的速度在进步，然而，那种加速感似乎带来了什么。不知应该说是无法产生信任感还是难以看清事物的本质。用颜色来形容，就是有一种灰色的气氛。

这就是让我们花钱的根源。我们平常看到的物品和信息中，除必需的"便利性"之外，商家营销时也存在一些"套路"。

比如说，"超划算""促销活动中""今日限定优惠"等宣传标语，以及享受服务时的附加条件、高额商品的分期付款等。

总之，这些大多伴随着"一定的花费"。

作为物品和服务的销售方来说，设置这样的套路无可厚非。这确实属于商业上的策略，并没有什么恶意。

对于提供物品及服务的企业而言，就算没有一笔大金额的收入，如果每个月能从多个客户那里获得稳定的销售额也是可以的。而站在客户的角度来说，虽然没办法一次性付清昂贵的价格，但每个月支付一些小金额还是可以接受的，于是就会选择购买。

但是，如果你习以为常地陷入这些套路中，那么别说是存钱了，时间长了，连日常生活都会很难维持。

不多加考虑的话，花钱习惯就会如赘肉般在身上养成，成为今后存钱路上的绊脚石。所以，首先应该审视一下自己每月的固定支出。

```
          ┌──────────────┐
          │     支出      │
          └──────────────┘
           │            │
   ┌──────────────┐ ┌──────────────┐
   │   固定费用    │ │   变动费用    │
   └──────────────┘ └──────────────┘
```

● 房租   ● 饮食费
● 人寿保险费   ● 电费
● 手机话费   ● 燃气费
● 订购费用   等
      等

↓   ↓

● 一旦减少下来，就能收获   ● 通过常说的节约方法一点
  稳定的效果   一点地减少
● 减少固定费用为优先选择   ● 不稳定

⇓

优先考虑减少
固定费用

固定费用隐藏于企业巧妙的设计，而客户又不得不支出的客观实际之中，这导致人们经常忽略这部分，大家一定要注意。

90
day's

侵蚀你生活的十项固定费用

　　就像前文讲的，固定费用经常被我们忽略，因此重新审视一番，益处多多。比起通过换工作、开展副业或晋升来增加年收入，不如通过减少固定费用来得有效。

　　那么，哪些属于固定费用呢？每个月必须支出的那部分就是"固定费用"。

　　从大约2.4万次的家庭收支诊断来看，大多数人常有的不必要固定费用排序如下。

"最不必要固定费用排序前10名"

1. 办理不必要的流量套餐而产生的手机话费

2. 人寿保险中不必要的保障费用

3. 习惯性地点一些较贵的外卖产生的费用

4. 忘记取消的订阅服务费

5. 每周只开1次汽车，却要支付停车费、任意保险费

6. 每天早上购买咖啡的费用

7. 无意义的聚会产生的交际费、出租车费

8. 每天中午在外吃饭产生的费用

9. 过度喝酒、抽烟产生的费用

10. 每次在ATM取钱产生的手续费

怎么样？这些项目中有符合你实际情况的吗？

除此之外，还有以下这些。

- 为了攒积分而使用信用卡支付，反而增加了花费。

- 基本不怎么去健身俱乐部，却付了月（年）费。

- 未使用的线上沙龙会费。

- 定期送达的营养品和饮用水费。

- 过多的娱乐费用。

- 为了存放自己舍不得扔的东西而租用仓库产生的费用。

虽然也要看具体情况，但这些基本上都可以算是"浪费"。

你自己应该也发现了这些都是浪费，所以赶紧把它们都减少下来吧。做到这一点，增加收入的第1阶段也就完成了。

另外，尤其是为了玩乐而借款（指透支取现以及信用卡分期付款）产生的利息等费用、给没有交往可能性的异性买东西产生的费用，这些当然也都属于不必要的费用。

一语中的！
从花钱习惯判断你的性格类型

固定费用包括很多项目，这大家都知道了吧。

从专业的角度来说，以下是令人比较在意的几个典型项目。

- 手机话费
- 借款（含信用卡支出）
- 人寿保险费
- 订阅服务费
- 汽车使用的相关费用

因为这些项目可以清楚地反映出一个人的性格。

在哪个项目上的支出比较多，从中可以推测出这个人的价值观、金钱观、是否属于容易存下钱的类型等。

这可比那些半吊子的占卜准多了（笑）。**从金钱的花费上可以清楚地看出一个人的性格。**

那么，让我们来更具体地看一看吧。为了今后能够更好地存钱，首先要了解清楚自己在哪个项目上花费的金钱最多，从而明确自己所属的类型。

1. 手机话费较高

→ 比较固执或懒散的类型

大约10年前使用的移动终端大多是我们常说的"功能机"，而现在用的基本上都是智能手机。

智能手机，集联络手段、信息收集、工作等用途于一体。通信功能也越加发达，不但可以通过应用软件进行免费通话，就是面对面通话也完全不成问题。

SNS（社交网络服务）也在不断发展，不只是文字，通过视频来传达信息也不再是一件稀奇的事情。发送消息，浏览视频，这些应该就是手机话费的主要部分。

工作需要另当别论。一般来说，手机的用处应该就是这些吧。

但仍然有人选择办理大型运营商的无限通话、无限流量套餐，每个月要支付将近1万日元的使用费。从使用方式来看，这笔支出真的有必要吗？

现在大型运营商推出了"上网专用套餐"等比较便宜的套餐。还有很多运营商推出了"低价手机卡"。有些是和大型运营商合作推出的，有些则不是。而那些运营商也叫作MVNO（移动虚拟网络运营商）。

使用这些套餐或产品，每个月的手机话费可以控制在1000日元至2000日元左右。

能够存下钱来的人，通常比较了解自己的通话时长和数据流量。

再据此选择尽量便宜的套餐。没有必要把基本费用花在不怎么使用的通话时长上。**选择适合自己的套餐，把费用最底化，这种技巧非常重要。**

另外，对于经常浏览视频，使用流量的人来说，要充分利用家里或公司（允许的情况下）的WiFi以及公共WiFi，尽量减少数据流量的消耗。办理的数据流量，并非一定要使用。

通过这些方法来控制需要支付的使用费，这就是会存钱的人采取的做法。

　　总会不自觉地执着于运营商给出的选择，或者即使了解一些信息仍然懒懒散散不付诸行动，这其实就是在浪费金钱。

　　● 手机话费：每月9500日元

　　公司职员A，28岁。主要使用智能手机来浏览视频、使用SNS以及通信。虽然住的公寓里有WiFi，但仍使用数据流量来浏览视频以及通话。

　　重新审视智能手机运营商之后，换成了"20G流量+语音通话"这样比较便宜的套餐。每个月的费用一下子就降到2000日元左右。并且在家时，使用公寓里的WiFi，可以节约下不少数据流量，从而换成每个月1600日元左右的套餐。这样下来，每个月竟然可以节约下来7900日元。

2. 借款（含信用卡支出）较多

→ 自我控制力不佳的类型

　　说到借款，总感觉有种可怕的气氛。**信用卡贷款购物以及透支取现这些其实也都属于借款。**

在完全还清借款或贷款之前，你只是物品的使用者，而非所有者。

有很多人会选择使用分期付款中的定额分期来还款。定额分期付款，就是每月以1万日元、2万日元这样的固定金额进行还款，使得总余额定额减少。

多笔交易叠加之后，有的人连当月定额分期支付的1万日元到底还的是哪笔消费的欠款都会分不清。最重要的是，不低的利息成了他们每个月的固定支出。

最近，无现金支付流行开来，使用智能手机"××Pay"的人也越来越多。

如果你是先充值后支付那就没什么问题。但如果你使用的是"先支付后还款"方式，那就需要注意一点：先支付后还款需要在次月进行还款，如果无法按时还款，就需要支付迟延还款的赔偿利息。

有些人的想法可能是"虽然现在没有钱，但每个月分期的话，还是可以负担的""不喜欢一次性付清的方式"。

但这真的有必要吗？这样很可能会拖慢解决家庭收支赤字问题的节奏，所以建议不要养成轻易借款的习惯。

使用无现金支付的人越来越多，金钱的形式也发生了变化。借记卡、预付卡、电子货币、二维码支付等，不可拖延的即时支付越来越受欢迎。但仍然有很多人为了攒积分而使用信用卡来支付。**对于信用卡，一定要有计划地使用，不要形成借款。**

> ● 小气鬼的强力伙伴
>
> 　　B去超市购买一些食品，钱包里只有3000日元。不过，他还带了信用卡。如果没有这张卡，B原本可以只花2000日元左右。但因为有这张卡，结果花了4500日元。

　　信用卡有一种可怕的力量，能够让你忽略手头的金额，购买更多的东西。不只是信用卡，还有电子货币和预付卡，也具有这种力量。先让人往卡内存钱，不够时再接着充值使用，利用这种方式来促进消费。

　　不过，随着时代发展，无现金化也是一种必然趋势，所以重要的是要考虑好如何应对。

　　信用卡消费就是以支付利息和过度购物为代价，来满足购物欲望的。

3. 人寿保险费较高

→ **姑且先……的类型**

保险是高额的金融产品。这样说虽然不太好理解，但其实你所支付的保险费是由保险公司进行投资了。保险的作用之一是具有储蓄性。为了保证该作用的稳定性，保险公司考虑了各种各样的理财方式。

让我们改变视角，从整体来想一想。其实，我们每月支付的钱算上利息，30～40年时间积累下来，投入的金额相当多。

以每个月2万日元来算，支付30年后金额就是每个人720万日元。这就相当于一对夫妇在存款几十年后购买一套相当不错的房产所需要的金额。然而，有很多人，在未了解清楚自己所需保障内容的情况下，就听从他人的建议盲目地购买保险。

身为理财规划师的我，也重新审视了一下人寿保险。

你原以为理财的储蓄型保险可以每个月进行累积，但其实并不是这样。你原以为购买可中途停止的类型，可以为受伤、生病或死亡等意外事件提供保障，但其实并非如此。像这样，和本人所预想的保障内容不同的情况时有发生（至少有预想过，还算好……）。

● 到目前为止，支付的保险费去哪里了？

公司职员C，29岁。因骨折住院10天。伤是好得差不多了，但花费的住院费等医疗费出乎意料地高。于是，C向保险公司申请理赔。但对方支付的金额比预想的要低。这是因为这份保险的伤残保障部分较弱，是死亡保障重视型的保险，而C在未了解清楚的情况下就投保了。

像这种情况，就算后悔，花出去的钱也拿不回来了。趁现在还来得及，早点审视一下人寿保险。

人寿保险大致可以分为"保障"和"储蓄"两种类型。

虽然"保障"部分多多益善，但是这样保险费用就会增多。

重要的是，既要考虑到社会保障，也要考虑到目前的家庭构成以及生活上必需的保障，并且要掌握好保险费用和保障内容之间的平衡，不要超出家庭经济情况可接受的范围。

我的建议是，如果你看重的是保险的"储蓄"作用，可以不用通过人寿保险，而选择风险较小的投资信托。

当今时代，金融商品丰富，通过人寿保险来储蓄并非上

策。换句话说，在选择人寿保险时其实只需要考虑其"保障"的部分。

就算现在你投保的是可中途停止的类型，但也要注意不要过度支付。只需要涵盖意外的医疗及死亡等必要的部分就足够了。为了放心、为了平复不安的情绪而去支付不必要的费用，其实也是浪费。

能否干脆地做出这样的判断和转变，也关系到你能否养成存钱体质。我认为这是必须确认的项目。

4. 订阅式服务费较多

→ 喜欢划算和便利的类型

订阅，就是"定期订阅、延续购买"的意思。

以前的订阅服务有报纸和杂志的订阅，但最近出现了各种各样的订阅服务，包括音乐、视频、漫画、云服务、租赁、饮食等。很多人都觉得使用起来非常方便。

这种订阅服务虽然确实很方便，但也有越来越多的人出现这样的情况：原本想只免费体验，结果忘记在免费体验期过后取消服务，于是，明明没有在使用这项服务，每个月却要支付出去不少费用。有的人还同时购买多个相似的订阅服务，导致消费金额迅速上涨。

即便一开始有使用，但费用所包括你未使用的时间，这就是浪费。 每3~6个月，要检查一下自己办理的订阅服务以及使用程度如何。基本上没怎么使用的服务是否已经取消，使用方式如何，这些都需要重新审视整理一下。

审视的要点分为以下几个：

◎ 办理的服务是什么。

◎ 是否有必要办理这项服务。

◎ 服务所更新的内容是否符合自己的需求。

◎ 每个月的费用和使用方式是否相符。

如果有让你犹豫的地方，那么很有可能这项服务并不是必要的，那就可以取消。

公司职员D，32岁。现在基本居家办公，省下了不少通勤时间。其兴趣爱好是电影鉴赏，所以居家办公后立马就办理了两种可免费体验的视频播放服务。甲公司有乙公司未包含的电影，而乙公司有甲公司未包含的电影。但他不仅没有将开通的服务减少为1家公司，反而还加入了丙公司的免费体验。丙公司有甲、乙两家公司都没有包含的电影，所以在有一段时间内，他只观看丙公司的电影，但这时候甲公司、乙公司的计费已经开始了……

不了解如何取消服务，结果每个月都要支付给甲公司、乙公司大约3000日元。

不知道取消服务的方法是一方面，还有另一方面的原因就是每家公司每月所需的费用并不是很贵，所以大家总会觉得无所谓。

但是，就算只是几千日元，长时间累积下来，也是一笔很大的数目。因此，一定要坚决减少不必要的花费。

5.汽车使用相关费用较多

→ 对于不必要的东西非常执着的类型

现在，汽车不再是一种刚需。花在汽车上的费用，也成了需要减少的固定费用。

当然，在我那个年代，有很多人会把购买汽车当作一种爱好。在很多地方，人们还会把汽车当作生活必需品。所以这并不是所有人需要去减少的固定费用。

但是，最近在年轻人中流行"去汽车化"，市中心的交通网也十分发达。**就算没有汽车，也不会对出行造成什么影响。**

处于这种环境下的人，是不是可以重新考虑一下汽车的使用方式。我经常会这样想。

● 出于"憧憬"，每月支出7.7万日元

公司职员E，28岁，购买了一辆自己憧憬已久的汽车。每个月需要支付贷款3.3万日元，停车费3.5万日元，任意车险的车辆损失险9000日元左右。每个月要花费这么多钱，但其实他每周也就周末开1次车。油费只花了5000

日元左右，1年的行车里程连4000千米都不到。也就是说，其实E很少开车。虽然拥有一辆自己的汽车可能会带来满足感，但综合考虑使用费，确实是太贵了。购买了这辆汽车之后，E已经没有余力去存钱，生活也在赤字边缘徘徊。

我本身也非常喜欢汽车，所以很能够理解E想要拥有一辆汽车的心情。但是如果平常很少开车，每个月支付的停车费、贷款、任意车险等加起来却高达7.7万日元，那还是值得商榷一下的。

现在的用车方式越来越多样化。在此介绍其中的一部分。

● 共享汽车

这是在市中心比较常见的用车方式。需要的时候，向相关公司进行申请，可以在规定时间内使用。正如字面意思所示，就是和很多人共同分享使用，所以只需要支付使用费，每15分钟300日元。其中包含了车辆折旧费、保险费、油费、保养费等全部费用。不过，可以选择的车型较少。遇到盂兰盆节、新年等用车高峰期也比较难借到。

● 汽车租赁

就是在有需要的时候租汽车，应该有人在旅行的时候用过这种方式吧。与共享汽车相比，汽车租赁的时间单位更长一些，大多以6小时、12小时、24小时为单位租赁。有些会要求租赁时支付其他保险费，或把油加满后再还车。多数时候是可以选择车型的，有些租赁公司还会提供进口汽车。

● 订阅式服务

汽车也可以订阅。根据车型的不同，每月费用有3万日元的，也有5万日元的。就同拥有一辆汽车一样，需要支付停车费。对长期用车的人来说稍微划算一些，用车方式也比较灵活。

还有其他的方式，用车方式可根据自身情况决定。

你可以算一下平均使用一次的费用，将所有经费都计算出来再做决定，这也是不错的选择。根据情况不同，有时乘坐出租车可能才是更便宜的方式。

预想一下各种各样的情况，慎重考虑一下吧。

各项费用在收入中所占的理想比例是多少

每个月的固定费用，是存钱最大的敌人。但这些费用也不是能够完全避免的。

那么，大概使用多少才合理呢？根据收入、家庭环境以及价值观等不同，家庭收支也会有所不同。第60页的表格只是一个示例，大家可以作为参考。

比如，就单身的人来说，较为经常使用的通信费（手机话费、网络费），最多不能超过月收入的3%。另外，房租也最好控制在月收入的27%左右。

如果实际到手20万日元，那么通信费就要控制在6000日元以内，房租则是在54000日元左右，这可视为理想的支出比例。

如第60页的表所示，按这个比例来考虑，就会发现其实花不了多少钱。以这个比例作为参考，重新审视一下自己的支出平衡度吧。如果出现和表中比例不同的地方，有想要花钱的地方，那就把能够减少的支出比例再降低一些来留出空间，这样就能够保持好平衡，过上满足度较高的生活。

在理想比例的基础上，计算出你的收入该如何分配。
每个月的预算也就一目了然了。

来了解家庭费用的参考目标吧!

1人独自生活（实际到手20万日元）

家庭费用项目	理想比例	金额（日元）
饮食费	17%	34000
房租	27%	54000
水费、电费、燃气费	6%	12000
通信费	3%	6000
保险费	6%	12000
兴趣爱好、娱乐费	5%	10000
服装费	3%	6000
交际费	3%	6000
日用杂货费	3%	6000
其他	10%	20000
储蓄	17%	34000
支出合计	100%	200000

有年幼孩子的家庭

家庭费用项目	理想比例
饮食费	15%
房租	24%
水费、电费、燃气费	7%
通信费	3%
零花钱	8%
教育费	4%
保险费	8%
兴趣爱好、娱乐费	3%
服装费	3%
交际费	3%
日用杂货费	4%
其他	6%
储蓄	12%
支出合计	100%

越是方便划算的服务，套路越多

生活中充满了各种各样的服务，大家仿佛是把不方便当作一种"恶"在敌视，但其中存在不少陷阱、套路，这些都让消费者欲望全开，不断地花钱。

"汽车的残值设定型贷款（租赁）"

提前预估出3～5年后汽车以旧换新时的价格，除去该价格的剩余部分为贷款，所以比起直接买车，每个月要支付的金额较低，这是汽车的残值设定型贷款的魅力所在。但是，如果发生事故或者返还时汽车的使用状况不佳，会导致汽车价值下跌，反而造成损失。在保留残值的情况下购买新车时，必须选择同一品牌的汽车，这点也非常不方便。

"电子货币、二维码支付"

不需要找零。有提前付款、即时付款、用后付款这三种类型。经常会有很多活动，所以非常受欢迎。不过，由于购买时无须拿出现金，所以即使遇到平时不会购买的高价物品，可能也会做出轻易购买的选择。有很多习惯于现金支付的年长者，在使用无现金支付后，不易察觉到存款的减少情况。因此，每次使用时都要记得确认一下使用记录，掌握使用情况。这点很重要。

"手机话费套餐"

现在有很多"十分划算"的手机套餐，比如大型运营商推出的20千兆上网套餐以及智能手机卡，可以根据不同使用阶段选择套餐。有很多人会担心自己办理的数据流量和通话时长不够用，从而办理了自己并不需要的业务。你可以比较一下每月的实际通话费用和办理无限通话的费用，看看哪一个更低，如此，你就能找到适合自己的套餐。

"信用卡的定额分期付款"

信用卡公司会提前设定一个使用额度，在此范围内任意使用数次都可以。虽然每月的支付金额不多，但定期分期付款时最多不超过2次使用才不需要支付利息，而定额分期付款时即使是使用2次就能够付完的情况，也需要支付利息。

由于信用卡是即使上一次没有付清，也可以接着使用的支付手段，所以有些人容易分不清当月支付的定额到底还的是哪笔消费，容易使人的金钱敏感度下降。这也是信用卡的套路之一。

如果不知道卖方的意图，就会被套路、花钱。你只要对这些有所了解，就能够改变金钱的使用方式。

不管是信用卡还是贷款，
在付清之前都是"借款"

前文也提过，**不管是用信用卡贷款购物、透支取现，还是汽车、住房贷款，在完全付清之前都应该归为"借款"。**

给信用卡支付和住房贷款换上"借款"这个词，一下子就觉得沉重了许多吧。但是这才是信用卡支付和住房贷款的真面目。换句话说，就是**你的家庭收支中存在隐藏的借款。**

包括信用卡支付在内的"借款"项目，不仅可以让你意识到日常的细小开支，它还是评估家庭收支问题危险程度的重要指标。

● 定额分期付款是魔法钱包?

　　广告代理店的职员F喜欢赶时髦，周末的时候总会去购物。去常逛的百货公司时，在店员的推荐下，F办理了一张定额分期付款专用的卡。这样就算是过度购物每个月也只需要支付固定的金额，所以既不耽误购买其他东西，也不会一下子把钱花光。但F没注意到借款的金额正在不断增加……

　　如果一个人心灵空虚脆弱，即便随意地借款（使用信用卡支付）购物，虽然可以购买到物品，但内心也不会获得满足与幸福。

　　现在立马买到手的代价就是要支付利息，不断纵容自己，使用的金额就会不断累加，导致每月都有一笔固定的支出，占用了工资的很大一部分。

　　有些人已经把每个月的信用卡还款当作一种理所当然的事情。**这就好像到处赊账一样。**

　　不要被信用卡公司塑造的外表所迷惑了。

从信用卡支付金额了解你的现状

是否选择借款，完全取决于使用者的使用方式。你是怎么处理的呢？

自己的借款（信用卡使用）状况是属于适当范围内，还是属于"不良借款"呢？这是需要注意的地方。

怎么样算是不良借款呢？

每月都有还不完的借款，收入的大部分（三分之一以上）都用于信用卡还款，这样的情况就可以无条件地判断为过度借款。还没到这种程度的，则需要根据一定的标准来进行判断。

无法摆脱零存款状态的理由有两个。

一个是**"不知道判断自身现状的方法"**。其实就是因为不知道而产生不安和迷茫，最后什么都无法做成。

还有一个理由是**"不会通过数字来了解自己的现状"**。在总结收支情况时掺入了感情因素，所以很难判断出这是合理的开支还是不合理的开支。

这里告诉大家一个我在家庭收支改造咨询中实际使用的判断方法。

这个方法能够让你立马了解到自己的现状。大家也拿出纸和笔，一起试试看。

首先，总结一下你的家庭收支吧（以1个月为单位）。

如第68页所示，写下"收入方面"和"支出方面"的金额。

不用精准到1日元，写个大概的数字即可。

但是，在计算支出时有一点希望大家注意。那就是偿还借款的部分（信用卡支付以及消费者贷款等透支取现）不属于支出。不过，住房以及汽车贷款可以作为固定费用算在支出里。

将1个月的收入和支出金额计算出来，然后做个减法（收入−支出）。

这里有个示例。

你的实际到手收入为多少？
如果夫妻双方都在工作，那就合在一起计算。

实际到手收入	日元

来计算一下1个月生活所必需的各项支出。

房租和房贷	日元
饮食费	日元
水费、电费、燃气费	日元
通信费（手机话费、网络费）	日元
人寿保险费	日元
汽车使用相关费用（油费、保险费、贷款还款额）	日元
教育费	日元
服装费	日元
医疗费	日元
交际费	日元
生活日用品	日元
交通费	日元
娱乐费	日元
嗜好品（酒、烟草）	日元
零花钱	日元
理发美容、化妆品	日元
其他杂费	日元

※计算支出时的注意点
偿还借款的部分（信用卡支付以及消费者贷款等透支取现）不属于支出。不过，住房以及汽车贷款可以作为固定费用算在支出里。

> A
>
> 收入21万日元（实际到手）—支出18万日元（除去借款还款部分）=3万日元

通过这个差额来判断一下自己的借款情况吧。从信用卡等还款金额占差额的百分比就可以看出你借款的良好程度。

如果结果为负数，也就是家庭收支赤字的情况，那么按现状来说是无法还款的。这种情况应该也是因为你越来越多地在生活中使用信用卡，所以要先停止使用这些卡。

这种计算方法，是为了让你看到你一个月生活所必需的固定费用，所以我特地把当今时代常见的借款（信用卡支付）除去后再计算。如果结果为负数，那就应该优先考虑如何在收入范围内维持生活。

那么，差额为多少才算是良好呢？

如果信用卡的还款占比为差额的30%以内，那么还算合格。如果70%以上都是还款，那么就存在问题。

按刚刚A的情况来说，如果差额3万日元中信用卡支付为9000日元以内（30%以内），那么就没什么问题。但如果达到了2.1万日元以上（70%以上），就应该重新审视一下信用卡的用法和家庭收支情况。

当然，也不能只凭信用卡还款额就对情况好坏一概而论，但是这种方法适用于大多数情况。

总而言之，对信用卡的依赖程度很大程度上影响着家庭收支。

"用信用卡来支付生活费的情况呢？"

但是也有不适用上述计算方法的情况。

当今时代，使用信用卡也被认为是一种节约方法。因为用信用卡既可以在购物时享受优惠，攒下积分，还能够留下消费记录，方便记账，十分便利。因此，有很多人会使用信用卡支付。

这种情况下，如果直接用以上方法进行计算，支出就会显得特别少，而信用卡的还款额则会非常多。这种情况下的算法会稍微麻烦一些。要先把**使用信用卡支付的支出（饮食费、服装费、手机话费等）加到实际支出中再进行计算。**

把使用信用卡支付的固定费用部分加到现金里进行计算后，**如果还款额仍占每月差额的70%以上，那么就需要重新审视一下家庭的收支平衡了。**

不要理所当然地觉得工资少就没办法解决生活困难的问题，也不要轻易放弃。

通过差额来判断，就**不再是从主观上告诉自己**"总能想办法做到的""没有钱，只能先想办法存了"，**而是可以从客观角度来看待**。算出自己维持生活所需的金额，写下来，自己计算一遍，就能够了解平时信用卡支付时忽略的支出，了解家庭收支的原貌。

因此，不要故意少写，也不要用今后的理想（目标额）情况去计算。这并不是要做给别人看，所以**就把现状如实地写下来吧**。

这样做了以后，那些模糊的项目便会逐渐清晰，还可能给你带来新的发现。

"我在不知不觉间，走入了商家的套路中啊……"

这是我的一位客户说的，令人印象非常深刻。

多数人缺乏通过数字去判断自己收支情况的执行力。今后要如何去改变存款为零或者赤字的现状，**不写下来就无法开始**。

这样的家庭收支情况没问题吗？要这样问自己，**审视自身是第一步**。

如果你总是存款为零，或者说基本存不下钱，在金钱上完全没有富余，那就是家庭收支平衡出现了问题，**开始改变就行了**。

希望大家能够让家庭收支成为自己的助力，过上宽裕的生活，让自己有更多的选择空间。

存钱生活的得力伙伴——品牌借记卡

信用卡虽然方便，但如果会让生活增加经济风险的话，倒不如放弃它，而选择不会带来借款的银行卡。

我现在虽然也在使用信用卡，不过我的信用卡只用于投资，没有日常使用的信用卡。这样可以让我有效避免过度消费。结算时，我只用"某种银行卡"来解决。

那就是品牌"借记卡"。

这种卡将世界性品牌"VISA""JCB"的便利性，以及可以用存款余额即时结算融合为一体。

● **日本普通信用卡的使用流程**

刷信用卡购物→过几天从指定账户扣款（在付清钱款之前不属于自己的东西，这笔钱成为借款）→过度消费，苦于还款！

→ **先用后付**

● **日本借记卡的使用流程**

把钱存入指定账户中→使用银行卡购物（只使用指定账户的余额）→由于是即时结算，所以不会产生借款，不需要为以后的还款担心！

→ **先付后用**

日本借记卡的其他特点

● 15岁以上的未成年人同样可以无审核进行办理。

● 没有使用上限。由于没有设定信用额度，所以只要卡内的余额充足，即使要买500万日元的汽车也可以立即支付。

● 不能分期付款。

这些特点和普通的信用卡完全不同，但可以在商店、餐厅等地方按信用卡来使用。

顺便提一下，借记卡出现于2000年左右，能够通过银行以及邮政银行的现金卡进行购物；借记卡是即时结算，而且是从卡中的预存款中扣除费用；它又被称为

"J-Debit"。

这种借记卡经常带有"VISA""JCB"的标志，这使借记卡的便利性有了很大的飞跃。它可以使用的加盟店范围较广，24小时都可以使用，不需要密码。虽然没有积分，但根据使用情况，每年会有1次返现。由于借记卡的这些特点，所以能够"无审核"办理。

因为是VISA、JCB，所以当然可以当作信用卡去使用，同时它也具备海外的身份证明及保障作用，还可以进行网上支付。使用借记卡时，会收到确认邮件。

最重要的是它可以当信用卡使用，但"不会形成借款，你可以在自己已有金钱范围内使用，不用担心过度消费"，这也是其最大的魅力所在。

想要存下钱，那么今后就不要依靠信用卡生活，贯彻现金主义才是存钱的最佳途径。另外，不喜欢在身上带大量现金，或者是必须用银行卡的人，就可以办一张这样的借记卡。

第3章

明天就会发生改变！
存钱体质锻炼

肯定能够改善零存款体质

不好意思，这里先提一下私事。我患有糖尿病，发现的时候就已经比较严重了，不过现在已经得到了很好的控制。

我的父母都患有糖尿病，我自己是在比较年轻的时候（32岁）就出现了糖尿病的症状，所以身边的人都觉得应该是遗传的因素更多一些。其实，由于工作的关系，我经常饮食不规律，也不怎么运动，还非常喜欢喝酒，一喝酒吃得就多……由于一直过着这样的生活，说起来也算是自作自受。

有一天，我突然从自己的治疗经验中发现一件事，那就是"存钱体质的养成方法"和"（糖尿病等）生活习惯病的治疗方法"非常相似。

要想养成存钱体质，就必须改变之前家庭收支管理的视角。在一定程度上掌握每日收支变化以及整体平衡，从中找到各种不同的处理方法。

我在治疗糖尿病时也是如此，先回顾过去的生活，掌握血糖值情况，然后找到饮食调节或运动等恰当的应对方法。

用自己不认同的方式来自我约束，就容易积攒压力，产生厌倦感。在这一点上两者也非常相似。因此，我不会建议客户事无巨细地去记录家庭账本，也不会要求他们去杜绝每1日元的浪费，而是和他们一起寻找既充满乐趣又能够让他们坚持下去的金钱管理方法，以免使之成为生活中的负担。

另外，以下几点也与生活习惯病的治疗十分相似。

◎ 需要主治医生（监督的角色/顾问）定期给予刺激。

◎ 趁程度还算轻微时早点发现、察觉，更容易治疗。

◎ 即便注意到问题的存在，如果无法坚持改变生活习惯，无法贯彻自己的决心，那么问题还是会反复出现。

◎ 本人的心态也很重要。你可以巧妙、开心地去应对。

判断糖尿病情况是否良好的指标里，有一项叫作糖化血红蛋白（HbA1c）。它能够反映出患者最近1个月的平均血糖值等情况。也就是说只靠做检查之前那几天的控制是糊弄不过去的。从这个"可怕"的数值，就能够推测出患者近1个月来的生活方式。

将其对应到金钱管理方面，这个数值就相当于家庭账本。只要一看账本，我们就能够了解很多方面。当然，这对于在金钱管理上没什么自信的人来说，可能也是个可怕的存在。

话题扯远了，但我想说的是，在自我管理这方面，"存钱体质的养成"与"生活习惯病的治疗"真的非常相似。

要想在90天时间里掌握存钱力，并且能够做到面向未来进行累积型NISA和iDeCo等投资，很重要的一点就是要提高自我管理能力。

不要觉得获得一次成果就大功告成了。

时不时地反复实践，掌握其中的诀窍，才能够避免无用功，节省精力。使用分列数字的方法来判断金钱管理情况，看起来无聊，其实能够在自我控制的同时获得乐趣。

带着坦诚的心情去面对金钱，面对生活，肯定会有所收获。**金钱的积累，生活方式的改变，不需要依靠什么特殊技能，靠自己的力量就能够做到。**

受到美国通货膨胀的影响，日本物价上涨，人们收入没有增加，支出反而变多了。为了渡过难关而去模仿那些看起来比较激进的增加金钱的方法，实在是有些糊涂。大家一定要注意到这一点。

人生是一场长期战。

即便某种方法能够暂时给你带来金钱的增加，如果不能保持，那也只是一种拙劣的方法。没有必要现在就立刻给金钱加杠杆（通过理财等方式增加金钱）。**调节好情绪的杠杆才是最优先选项。**

拥有绝对不会动摇的轴心

要想养成存钱体质，重要的是你自身的价值观。

在第2章的"从花钱习惯判断你的性格类型"中，列举了5项固定费用（手机话费、借款、人寿保险费、订阅服务费、汽车使用相关费用），并据此进行了性格分类，但这说到底只是我所重视的价值观，并不是你的价值观。

不管是依赖心理强还是意志力薄弱，都没关系，人生的价值观和主张应该由自己来创造。否则，任何事情都会对你的人生产生影响。

为了打造理想中的自己，也为了改变固有的价值观，你需要拥有自己的轴心。比如以下情况。

● 虽然知道刷信用卡透支购物会形成借款，但还是不想浪费积分和折扣。

→ 只在无需手续费的分期付款时使用信用卡，并把使用的金额在现金中扣除。

● 想在休息时随心所欲地使用手机，也想经常和朋友保持通话。

→ 相应地减少聚餐的次数。

最近，在年青一代中，汽车、服装、包、家用电器这些都可以通过租的方式来使用。所以经常听到他们表示，需要用的时候直接去租就行了。

曾经有一段时间，汽车是一种身份的象征……这些也是一种价值观，它也可以作为自己的轴心。

如果什么都想要做到，恐怕什么都无法做到。

我们在生活中就要每个月把有限的收入放进"家庭收支"这个袋子里，再拿出来支付各个项目，然后不断地重复这个过程。如果你想都不想就把袋子里的钱拿出来随意花费，那么里面的钱当然会不够用。你只是像孩子般在花钱。

拿着同样的月薪，有些人能够踏实地存下钱来，有些人却总是"月光"，甚至有时还需要借钱，这是为什么呢？还有一些人能够以百万日元为单位不停地存下钱，这又是为什么呢？

差别就在于是否拥有自己的轴心。

为了拥有自己的轴心，有一点必须要知道，那就是金钱的使用方式可以分为三类。

在下一小节中，再进行说明吧。

用 "消" "浪" "投" 来划分使用方式

我在前文提到了**金钱的使用方式可以分为三类。它们分别是 "消费" "浪费" "投资"**。大家可以记作 "消" "浪" "投"。

消费

指的是生活中购买必需品以及必须花费的其他项目所产生的全部费用，并不具备生产性。

例：饮食费、房租、水电燃气费、教育费、服装费、交通费等。

浪费

指的是生活中非必需、一味享乐的无意义支出，也就是常说的 "不必要花费"。当然该使用方式也不具备生产性。

例：嗜好品（烟、酒、咖啡）、过度购物、固定高额利息等。

投资

虽然不是生活中不可或缺的，但对自己将来有用的一种高生产性的支出。不单指投资信托和理财，也包括学习新东西、阅读书籍等。它具有生产性。

例：学习、书费等学习相关费用，投资信托（累积型NISA和iDeCo）、储蓄等。

以上是这三者的基本含义。

花钱的时候，要想一想你所花的钱属于上述三者中的哪一类。

我希望大家今后能够减少的，首先就是"浪费"的部分。
还有，就是"消费"中不必要的部分。

我不会建议客户去节省房租、电费、燃气费这些最低限度的必要"消费"，也不会和他们说"投资"可能是徒劳的，所以不要去尝试这样的话。我希望大家平衡好自己的消费，在投资上则反而应该积极地投资自己。这样做能够为你的日常生活带来变化，让你渐渐过上充裕的生活。

不要极端地理解为"不花钱"。

如果只想着不花钱，你只会变成一个小气的人。

这样即使能够存下钱来，也会失去人格魅力和他人的信任，你的人生也会因此变得寂寞。

在下一小节中，我将会具体介绍如何将你的开支按照"消费""浪费""投资"来进行划分。

经常想一想 "消" "浪" "投"

消费

饮食费、房租、水电燃气费等。生活中购买必需品及必须花费的其他项目所产生的全部费用。

浪费

指的是生活中非必需、一味享乐的无意义支出，也就是常说的 "不必要花费"。

投资

虽然不是生活中不可或缺的，但对自己将来有用的一种高生产性的支出。不单指投资信托和理财，也包括学习新东西、阅读书籍等。

与其可视化 "花了多少钱"，不如可视化 "用在何处"

花钱的时候先问一下自己
"这是消费、浪费，还是投资？"

与其可视化"花了多少钱",不如可视化"用在何处"

这是消费、浪费还是投资?
花钱时先这样问一下自己。

刚开始的时候可能无法立马判断出来,但是经过3个月(90天)之后,你就会条件反射般地得出答案。这是个非常重要的习惯,它能够将金钱的作用及使用方式都深深融入到你的思想与身体中。

用食物来打比方的话,就相当于判断其中所含有的营养素(碳水化合物、蛋白质、维生素等)有哪些。有些人觉得食物只要好吃,能够填饱肚子就行了。而对健康和瘦身方面多多少少有些关心的人,就会比较在意营养。

金钱也是一样。不要觉得只要每个月还算过得去,过得开心就行了。"支出意识"关系到今后你自身的塑造。

摄入的食物构成我们的身体，使用的金钱也关系到我们自身的塑造。

要想了解自己的支出属于哪一项，就需要将其可视化。为此，就需要用到"家庭账本"。这能够有效掌握金钱的来源和去向。在家庭账本的支出一栏里，将各个项目按"消费""浪费""投资"进行分类。

没有记录过家庭账本也没关系，你可以准备一本简单一些的账本，用笔记本自制也可以，来了解支出情况。

首先，将第2章中列举出来的支出项目（住房费、饮食费、电费、燃气费、交际费……）

按自己的实际情况分为"消费""浪费""投资"。

这里没有像"住房费属于消费""交际费属于浪费"这样，直接把各个支出项目完全划分为消费、浪费、投资中的某一个，这是有原因的。

比如说，就交际费而言，有些人会把它归为"浪费"，但也有人会把其当作建立工作人脉的"投资"。一些完全确定下来的消费项目另当别论，但如何划分因人而异。

之前已经提到过**自我轴心、价值观的重要性**。因此，要根据自身情况进行判断。

话虽如此，但练习还是必要的。

比如房租、电费、燃气费、生活日用品、医疗费这些项目是属于"消费"的吧。

烟、咖啡这些嗜好品，FX投资等投机性较强的投资属于"浪费"。储蓄则是和自己将来有关的"投资"。

怎么样？大家大致有概念了吧？

"即使是同一项目，使用这一基准来判断的话……"

那么，现在来实际运用一下这种分类方法。

即使是在同一个项目中，内容也会存在不同。

就手机话费而言，生活工作中使用的部分属于"消费"，过度的流量使用以及应用游戏的费用则属于"浪费"。

饮食费一般来说属于"消费"。如果经常在外就餐，由此产生的费用可能就属于"浪费"。但如果这是出于创业，或认识新伙伴等有助于自己将来的发展的目的，那就属于"投资"。

就旅游而言，也不能认为其单纯是一种娱乐，而直接断定

饮食费　　4.7万日元

　　消费　4万日元（包含自己做饭在内每日的饮食费）

　　浪费　7000日元（每天花在咖啡&零食方面的费用）

交际费　　1.3万日元

　　浪费　8000日元（公司聚会 一直喝到早上）

　　投资　5000日元（和前辈一起喝酒获得一些工作上的建议）

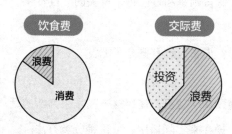

全部支出可以分为消费、浪费、投资三类

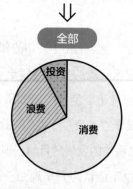

为"浪费"。它也可以是丰富自我的"投资"。

即使是同一个项目，也可以有不同的类别划分，用自己的价值观去判断即可。

这就足以加快你打造存钱体质的速度。

总而言之，比起关注"花了多少钱"，更应关注的是"用在何处"。

记录家庭账本的目的，不是事无巨细地掌握每一笔金钱的进出，而是**了解金钱的使用方式以及去向**。还有就是**让自己认识到消费、浪费、投资三者的比例（平衡）**。

这样一来，支出就不再是按饮食费、房租、零花钱等项目来划分，而是以"消费""浪费""投资"这三种类型来体现。顺带说一下，没有使用的金钱就作为储蓄归为"投资"吧。

举个例子来说，就会得出以下的结果。

- **消费** 16.5万日元
- **浪费** 2.5万日元
- **投资** 2万日元

为了更确切地掌握自己的情况，可以计算出这三种内容各占总体支出的比例。计算方法非常简单。

各项目（消费、浪费、投资）金额÷合计支出×100%

那么，把实际数字放进去计算一下。

消费16.5万日元÷21万日元，结果约为0.785，再乘以100%之后，结果为78.5%。

也就是每个月的支出中约有78.5%是消费。

按同样的算法，浪费所占的比例约为12%，投资所占的比例约为9.5%。

用自己的数字来计算一下吧。

消费（浪费/投资）金额÷合计支出

| 消费 | 16.5万日元÷21万日元 | ➡ | 乘以100%后为78.5% |

| 浪费 | 2.5万日元÷21万日元 | ➡ | 乘以100%后约为12% |

| 投资 | 2万日元÷21万日元 | ➡ | 乘以100%后约为9.5% |

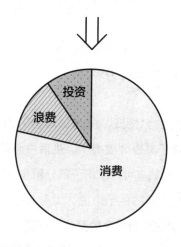

把无益的"浪费"转化为"投资"
提高存钱力

　　将目前的支出整体看作100，已经知道"消费""浪费""投资"各占全部支出的比例是多少了吧？不能只计算出一次就满足。

　　要想变得更好，就得不断坚持，关注每个月的变化情况。比如，第97页中的变化是较为理想的。

　　包括存款在内的"投资"呈增加趋势。为了腾出那部分"空间"，先专注于减少"浪费"。生活中必需的"消费"也可以减少。多出来的钱就可以拿出一部分用在投资上。

　　如果拿之前交际费的例子来说，无意义的浪费部分为8000日元。1个月后，要注意将发生的变化"可视化"。

　　一旦注意到这是不必要的花费，就赶紧将其变为"投资"。

比例不断发生变化！

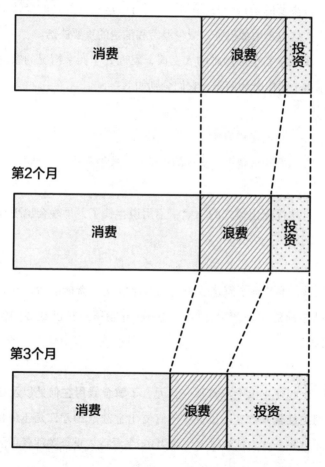

第1个月

消费｜浪费｜投资

第2个月

消费｜浪费｜投资

第3个月

消费｜浪费｜投资

可以将这笔钱用在保持健康上，比如，用这8000日元定期去健身俱乐部运动，或者也可以将这笔钱用在学习上，去英语学校上课也可以。

最重要的是每个月都回顾一下自己这三种类别的金钱使用方式。这也是增加投资，减少浪费和消费的重要诀窍。

我经常和生活困难的人交谈，发现处于赤字情况的家庭收支基本上可以分为两类。它们分别如下：

1. 只有消费和浪费
2. 消费和浪费占了支出的大部分，投资只占了一小部分

有这样支出模式的家庭，不用说存钱了，早晚会出现经济上的问题。

我的客户在了解这三个类别的比例这一新标准后，开始对自己之前的常识产生怀疑。第一次开始留心自己金钱的使用方式。

比起在支出上节省每一日元，**了解金钱用在何处以及如何使用更能带来改变**。因此，不管支出金额是20万日元还是40万日元，我会首先把整体支出作为100来看待，重点关注各项的支

出比例。

将金额记入家庭账本也可以，使用新标准是第一步，这肯定能让存钱力得到大幅提升。

通过新标准分析自己花费的金钱，你肯定能够找到存钱的突破口。

将家庭资金的 25% 用于"投资"

请大家用消费、浪费、投资这一基准来划分金钱的使用方式，并坚持一段时间。

我在实际工作中也会推荐给客户这种做法，它可以为他们的现在和以后带去改变，而且效果十分显著。

这一做法有两个好处。

1. 反映出你现在的金钱使用方式，以帮助你判断出今后的改变方向。

2. 提高存钱力。

那么，应该以什么样的变化和成果为目标呢？

其实，目标并不固定。因为每个人的目标是不一样的。也就是说，每个人获得的成果也一定存在差异。

反省一下自己为什么一直存不下钱，然后把目标定为"从现在开始投资（储蓄）要占支出整体的25%"，也可以定一个容易达到的目标"总之先改变浪费所占的比例比投资多的现状"。制定一个属于自己的目标，然后为之努力吧。

话虽如此，但如果没有一个基本的参考标准，可能会有点难。

我对客户提议的标准如下。

"消费、浪费、投资的理想占比是多少？"

● 消费70%

● 浪费5%

● 投资25%

理想的情况是浪费为零，但也不要太死板，**有时可以允许自己有一些不必要的支出，这样反而更有助于收获成果。**

还有一点很重要，就是**将自己的投资比例设定为25%。**不要满足于20%，要以25%为目标。**在这25%中，将15%用于储蓄或金融投资，剩下的10%进行自我投资。**

这个比例和法则，是我在工作中与那些擅长处理金钱的人交谈后，以他们的经验为基础得出的结论，是经过实践验证的数字。

经过几个月，你就会明显感觉到自己在金钱的使用方式上发生了变化，**能够切实感受到重要的不单是控制支出，还有金钱的使用方式。**

90
day's

以较长的时间跨度去看待一项支出

只消费生活中必要的"消费",减少"浪费",增加"投资",坚持这样做,你就会产生很大的改变。**坚持得越久,收获就越大。**

假设有个人原本"浪费"所占整体支出的比例为23%,后来减少了10%,变为13%。这10%所对应的金额会因为收入的不同而不同。对于每月实际到手收入为25万日元的人来说,就是2.5万日元。

3个月到1年后,减少的"浪费"金额就会是7.5万到30万日元。

即使不是10%,只是5%的调整,1年下来,也减少了15万日元。不管收入多少,只要坚持下来,就一定会获得很大的成果。

轻视这些小努力的人，不会明白这个差别到底有多大。虽然在理论上明白，但是没有实践过，也不会切实地感受到那种收获的成就，结果无法付诸行动并继续下去。**总的来说，就是在小看金钱。**

只要努力就会有改变，就能够改变。努力去改变的人一定能体会到这一点，所以他们才能够坚持不懈；而且努力"坚持下去"，也是种恰到好处的"负担"，可以让你更快地得到精神上的成长。

适当的"负担"可以提升存钱力，这和肌肉训练有些相似，大家一定要试试看。

另外，即使只是在一项支出上，想要提升存钱力的人也会有不一样的分类方式。

比如说，有这样的例子。

● 支出要用长远的眼光去看待。
 ·给上小学6年级的女儿买一部手机，每个月才4000日元。→不可取！

·如果每个月拿出4000日元，那么到她高中毕业为止，6年时间就需要花费大约30万日元。→可取！

·因为不安，所以买了便宜的人寿保险（每月5000日元）。→不可取！

·每个月5000日元的话，那么投保10年就是60万日元……还是慎重考虑一下吧。→可取！

不要以月为单位，而是以更长的时间跨度去看待每一项支出。

另外再举一个好懂的例子。

● 哪一种更划算？

A办理了每个月1980日元的电影播放订阅服务。不管看几部电影，费用都是每个月1980日元，所以A觉得非常划算。

B觉得订阅服务可能确实很划算，但一年下来，差不多要支出2.4万日元。B不想让这份支出变成固定费用，所以打算想看的时候再去租。一个月看不了很多部电影，所以这个价格相对于使用程度来说太高了。租来看虽然会有些麻烦，但即使是新作品，1部也才400日元左右，10部也只需要4000日元。

当然如果是经常使用的东西，那么像A那样的选择没问题。

但是，如果是B这种不能回本的使用情况，选择租赁的方式花费的金额比较少。

就像A和B例子一样，将某项支出固定下来，乍一看会觉得方便且划算。但这也意味着不需要的时候花费仍在继续，所以还是慎重一些比较好。

另外，固定的支出，就表示有一部分收入已经确定会减少，这也就相当于收入下降了。

果然还是"通过减少不必要的花费来提升收入"才是更现实、更具有即效性的方法。

可惜很多人都没注意到这一点。

第4章

90 天计划
提升 10 倍存钱力

带着明确的目标，
首先要做的是付诸行动

    光是在头脑中想象前文提出的那些做法和思考方式，对于掌握"存钱力"来说还远远不够。

    要想牢牢掌握存钱力，就要"付诸行动"。 经过实践，你才能得到具体的效果，比如"我3个月存了10万日元"。而这份成果（10万日元）不仅会成为你坚持努力下去的动力，还能给予你信心。

    将之前提到的那些做法一个一个来完成也没有什么坏处。不过，我还是希望大家能够基于那些做法，以最高效的方式来掌握存钱力。

    为此，

1. 设定一个实践的期限（90天较为理想）

2. 明确自己的目标、愿望、想做的事情

这两点非常重要。

明明想要掌握的是可以受用一生的存钱力，现在却要设定一个期限。大家可能会觉得这有些矛盾，但这并不代表只在这段时间进行实践，而是**设定一个时间段，方便与以前的自己进行比较。由此发现自己可以改进的地方，顺利地养成存钱的习惯。**

为了能够感受到每一次的变化，还是不要设定一年或者半年这样太长的时间比较好。

关于第2点，总之就是**有个明确的想法。能够存下钱的人设定的目标都比较切实可行。**

有些人制定的目标比较笼统，像是"多存点钱，到时候去纽约旅游"。根据我的经验，我可以肯定地说，这个人多久都去不成。反之，当一个人明确地定下来"我要存够30万日元，明年4月份去旅游"这样的目标时，那他一定能够去成。

不仅如此，善于实现目标的人还有个共同点，就是**拥有想**

要实现目标的决心。这是当然的，当你有了期待、有了梦想，自然可以保持实现目标的动力——虽然这其实挺难做到的。

　　总之，**心态会对人有很大的影响。**如果没有目标和愿望，就不能成事。明确自己的愿望和目标，让自己认真起来，是开始阶段的关键。

谁都可以存下钱
——横山式 90 天存钱计划

在实际存钱时，有很多希望大家去挑战的地方。别担心，都是很有意思的事情，效果也都已经在我的工作中得到了证明。

这是客户和我在实践中一起琢磨出来的，收获的成果也出奇地好，所以我可以保证肯定没问题。大家一起怀着期待的心情来完成吧。越是期待，就越能带来好的结果。

名为**"横山式90天存钱计划"**。

我将这个同客户一起实践过的计划分为以下三个阶段。

1. 开始前

2. 实践中

3. 结束后

首先来谈谈"实践中"吧。

计划实践"90天=3个月"。因为这个时间段内更容易让人感受到改变，同时，也方便和以前存不下钱的自己进行比较，所以90天最为合适。这个计划如果能够得到反复实践，效果会更为明显。从这层意义上来说，90天也是最佳时间。

时间不算太长，所以也方便在下一次的计划实践中修改目标。如果一开始有没做好的地方，也来得及在后面的这段时间内进行补救和调整。

开始日期为拿到收入的那一天，也就是发薪日（如果夫妻两人的发薪日不是同一天，那么就按家庭中的主要收入到手的日期来计算）。

结束日期则是3个月后发薪日的前一天。

因此，没必要完全按90天来算。即使你的发薪日是25日，但如果那天刚好是星期日，而提前发薪了，那么结束日期相应提前即可。

下文将会介绍我在家庭收支咨询工作中实际使用的存钱计划实践表。

先把90天按每1个月划分成3份，就像是三级跳远中单脚

| 开始日期 | = | 发薪日 |

| 结束日期 | = | 3个月后发薪日的前一天 |

今天的日期： _____ 日

下一个发薪日： _____ 日（实际支付日期）

（再将这下一个发薪日作为开始日期）

从开始日期起

1个月后发薪日的前一天 _____ 月 ____ 日（经过30天）第1次的结算日期

2个月后发薪日的前一天 _____ 月 ____ 日（经过60天）第2次的结算日期

3个月后发薪日的前一天 _____ 月 ____ 日（经过90天）第3次的结算日期

| 第3次的结算日期 | = | 结束日期 |

> 如果发薪日是25日，而今天是17日，那么可以不用急着开始，等过几天到了25日再开始。

跳、跨步跳、跳跃的感觉。再把每个月按每10天划分为上（旬）、中（旬）、下（旬）三个阶段。

上面一栏写的是各期间内要完成的最小目标，下面一栏则写具体要做的事情。以上只是填写示例，你可以按自己的喜好来写。

以下是计划中需要注意的内容，在计划实践过程中，记得随时留心。

90天存钱计划　实践表 ①

START!

← 第1个月（单脚跳）

① 做出预算，用家庭账本进行估算
② 找出自己的不足
③ 存款金额设定、存钱罐
④ 学习借款应对能力
⑤ 玩乐（每个月一天）
⑥ 阅读书籍
⑦ 找出支出中的浪费之处
⑧ 控制购买欲望
※ 结果报告会

1的上（1~10日）

① □ 做出预算，用家庭账本进行估算
② □ 找出自己在金钱使用方面存在的不足
③ □ 存款金额设定、存钱罐
④ □ 学习借款应对能力
⑤ □ 留出一天时间给自己的兴趣爱好、喜欢的东西

1的中（11~20日）

⑥ □ 阅读书籍
⑦ □ 找出固定费用中的浪费之处
（手机话费、人寿保险、饮食费……审视！）

1的下（21~30日）

⑧ □ 想要的东西、必需品，先不买
※ □ 第1个月的结果报告会&下个月的目标
○□ ○□ ○□ …… 本人课题（自由）

90天存钱计划　实践表 ②

第2个月（跨步跳）

① 将预算分袋放置，制作存钱袋

② 开始记录家庭账本

③ 制作待办事项清单

④ 玩乐（每个月两天）

⑤ 找到伙伴以及助力者

⑥ 学习增加金钱的方法

⑦ 打扫屋子

⑧ 确认是否有不必要的支出

⑨ 收集存钱以及投资相关信息

※ 结果报告会

2的上（31~40日）	2的中（41~50日）	2的下（51~60日）
① □ 将预算分袋放置（回顾第2个月并进行挑战）·制作存钱袋，并把钱放入其中	⑤ □ 考虑一下让谁成为自己的伙伴以及助力者	○ □ ⋮
② □ 开始记录家庭账本	⑥ □ 了解增加金钱的方法、赚钱的方法（金钱方面的学习）	○ □ ⋮
③ □ 制作待办事项清单（笔记本）	⑦ □ 打扫（厕所、冰箱、玄关……）	○ □ ⋮ 本人课题（自由）
④ □ 留出两天时间给自己的兴趣爱好、喜欢的东西	⑧ □ 确认是否有不必要的支出	
	⑨ □ 阅读可靠的存钱、投资信息	
	※ □ 第2个月的结果报告会&反省	

90天存钱计划　实践表③

← GOAL!

第3个月（跳跃）

※ 结果报告会
⑧ 去银行存钱
⑦ 购买想要的东西（使用金钱）
⑥ 用自己拿手的事情带给他人快乐
⑤ 玩乐（每个月三天）
④ 将不需要的东西卖掉、扔掉
③ 与他人的用钱方式进行比较
② 找到引导者
① 将预算分袋放置

3的下（81~90日）	3的中（71~80日）	3的上（61~70日）
○ …… □	⑦ □ 用自己拿手的事情带给他人快乐、给予他人帮助和建议	④ □ 阅读投资相关书籍，利用金融厅的网站进行学习
○ …… □	⑥ □ 将不需要的东西卖掉、扔掉	③ □ 与他人的用钱方式进行比较
○ …… □	⑤ □ 留出三天时间给自己的兴趣爱好、喜欢的东西	② □ 找到引导者
本人课题（自由）	⑧ □ 购买想要的东西	① □ 将预算分袋放置
※ □ 第3个月的结果报告会&总体回顾	⑨ □ 去银行存钱	
⑩ □ 考虑是否可以开始投资		

在计划开始实践之前需要掌握的事情 [每个月的收支表]

※填写开始之前的预计

- 收入（实际到手）　＿＿＿＿＿＿＿＿　万日元

- 支出

房租	日元	服装费		日元
饮食费	日元	交际费		日元
电费	日元	零花钱		日元
水费	日元	× ×		日元
交通费	日元	× ×		日元
手机话费	日元	贷款		日元
		支出　计		日元

- 收入 – 支出　预计达到 ＿＿＿＿＿＿＿＿＿＿＿＿＿ 日元左右

....

以后
（a）存够 ＿＿＿＿＿＿＿＿ 日元！！

90天（3个月）
（i）存够 ＿＿＿＿＿＿＿＿ 日元 ……[（a）×3]

1年
（u）存够 ＿＿＿＿＿＿＿＿ 日元 ……[（i）×4]＋[奖金部分]

10年
　　存够 ＿＿＿＿＿＿＿＿ 日元 ……[（u）×10]

计划实践期间需要清楚的事情

90天存钱计划

开始日期—结束日期（例：1/25—4/24）　　　　※建议以发薪日来计算

我的节约要点

- 每天（不再 _____、_____ ！）　➡　_____ 日元
- 每月的整体（想办法 _____）　➡　_____ 日元

合计每月省下 _____ 日元

借款·贷款情况

- A信用卡剩余借款　12万日元　⎫　全年支付的利息
- B信用卡剩余借款　18万日元　⎪　合计
- 汽车的贷款　　　　60万日元　⎬　90万日元 ➡ 14.5万日元
- ××　　　　　　　　　　万日　⎭　（公式：剩余借款额×利率×天数/365）

财产（除金钱以外）

书籍、恋人、照片（回忆）

乐趣

- 玩乐方式　第1个月　看电影
- 　　　　　第2个月　去美味的拉面店
- 　　　　　第3个月　和朋友BBQ、去健身俱乐部
- 想要的东西　数码相机、摩托车、奔驰车（二手的也可以）
- 有存款后想要做的事情　　去夏威夷旅行！
- 　　　　　　　　　　　　不去管花多少钱，把寿司吃个痛快

实践计划中需要注意的事情（心理方面）

没有意识到的行为、不足之处、需要改正的地方
（例：禁不住食物的诱惑、一喝酒就会花钱大手大脚、不会收拾整理）

_____

我的引导者

_____

想要珍惜的东西、宝物
（例：当下、机遇、家人）

_____

目前自己的讨厌程度
还过得去、慢慢来、想要彻底改变

_____

90天后的你呢？
仍然讨厌、稍微好一些、想要给予夸奖

_____

90天中最
好的事情 _____
后悔/失败的事情 _____

存款	目前		90天后的目标	结果
	_____万日元	➡	_____万日元	_____万日元

我的目标　（例：运用金钱，成为对他人更加有用的人！！）

在开始实践计划前要做的四件事

那么差不多要正式开始实践计划了，在这之前要做的事情有以下四件：

1. 将目标、愿望明确具体化
2. 准备好梦想笔记和家庭账本
3. 准备好存钱罐和存钱专用账户
4. 把在意的事情写下来

是不是感觉还挺容易做到的？那么，我来一个一个解释一下吧。

1. 将目标、愿望明确具体化

在之后的90天里，**你有什么想要完成或者想去挑战的事情，把它们都具体地列出来，**不要只写上一个数字。

那些你希望实现的行动目标也要考虑进去，既可以是买一辆新的自行车，也可以是去旅游。按你自己的想法去设定目标即可。

但是不要写"要存很多钱"这样笼统的目标，也不要写"用FX投资赚很多钱，就可以不用工作"这类不切实际的愿望。

制定的目标需要包含以下项目。

A.想要存到的金额

B.使用方式的内容比例变化（消费、浪费、投资）

C.生活上想要改善的地方

D.想要挑战的事情

因此，要给这90天制定如下具体目标。

A.存够12万日元！

B.目前消费80%、浪费10%、投资10%→转变为消费75%、浪费5%、投资20%。

C.从一周喝4次酒减少到2次，回家后不要无所事事地刷手机，把时间用在看书上。

D.休息日晨跑1小时，至少鉴赏两部电影。

2. 准备好梦想笔记和家庭账本

准备一本"梦想笔记"，可以把目标和愿望按自己的想法写下来。

做这件事时没有什么特别的要求，我的客户大多使用的就是市场上常见的B5笔记本。

另外，准备一本家庭账本。书店里有一大堆账本，你可以选择自己想要的那种。

尽量选择简单一些的。如果里面包含的项目太多，记起来就会很麻烦。

关于家庭账本的作用，你可以**简单地理解为"记录金钱的去向"**，从而对金钱花在何处、花了多少有个大致的了解。

所以你也**可以直接用市场上的笔记本自己制作一本，或者和写有目标等内容的"梦想笔记"合并在一起。**这样一边在心中想着目标一边去花钱，比较容易获得效果。

有些家庭账本会将类目划分得特别细致。比如光是饮食费就分为肉和鱼、米、在外就餐、嗜好品等，一开始不必那么"用力过猛"。如果你想要记录得更为详细一些，那另当别论，不然太过执着于细节反而会造成负担，很难坚持下去。

刚开始记录家庭账本的时候，肯定会经常纠结"这属于哪一个项目呢"。所以**不要把项目划分得太细也是能够持之以恒的诀窍**。

"比起电脑记录，还是手写更好"

另外，有些人想要更精确地进行管理，就会选择用电脑来记录家庭账本。电脑能够进行趋势分析等，这些固然很好，但如果难以坚持，那还是换个方法比较好。

辛苦工作一天，下班回到家，还要再全部记录到电脑上确实是挺麻烦的。不那么喜欢用电脑来操作，或者是第一次记录家庭账本的人可以参考第126页的表格，动手记录到纸质账本上。

3. 准备好存钱罐和存钱专用账户

即使是日常生活中的小钱，也要存下来，养成这个习惯很重要。零钱不用一一存到银行去，**可以放入存钱罐中**。

不过也没必要特地去买个精致的存钱罐，把一笔不少的钱花在存钱工具上，实属有些本末倒置。

只要是能够用来存放零钱的容器就可以了。不过也别选择那种需要砸开取钱或开关不方便的，因为有时也会想看一下里面存了多少钱，从而获得满足感。

意外收获好评的是速溶咖啡瓶、装梅干的瓶子之类的透明容器。因为既可以看到瓶内，又可以用手掂量出大概的量。

接下来，就是转换心情，开设一个新的账户，专门用来存钱。如果已经有账户可供存钱使用，那也可以直接用那个账户。

在这个账户里，只存放90天存钱计划中存下的钱。

为了能够更好地感受到效果，我们要把计划实践中存下的钱和原有的存款分开。存折上呈现的数字能让人一目了然，**也正因如此，回顾的时候更能给人带来自信。**

4. 把在意的事情写下来

把此时此刻感受到的不安都写下来。乍一看这种做法可能有些消极，我的建议中一开始也不包括这样的做法。

但是，我有一位客户自发做了这件事，我也见证了这位客户是如何在存钱的同时将不安一一消除的。

家庭收支表　　　　　（　　年　　月）

（　月　　日—　月　　日）
发薪日　　日/实际到手金额

收入		支出	
项目名称	金额	费用	金额
工资（本人）	日元	房租（含管理费等）	日元
工资（配偶）	日元	住房贷款（每月）	日元
工资（　　）	日元	住房贷款（加上奖金）	日元
	日元	饮食费	日元
自营收入（本人）	日元	电费	日元
自营收入（配偶）	日元	燃气费	日元
自营收入（　　）	日元	灯油[①]	日元
	日元	水费	日元
养老金（本人）	日元	话费（固定）	日元
养老金（配偶）	日元	话费（手机）	日元
养老金（　　）	日元	网络费用	日元
		人寿保险费	日元
儿童补助	日元	NHK费用	日元
	日元	订阅费用（　　）	日元
生活保护	日元	订阅费用（　　）	日元
其他来源	日元	汽车贷款	日元
（援助者：　　）		汽车保险费	日元
	日元	油费	日元

---

① 日本冬天取暖会用到灯油炉，会用到灯油。

收入		支出	
项目名称	金额	费用	金额
其他	日元		日元
	日元	生活日用品	日元
	日元	医疗费	日元
	日元	教育费	日元
	日元	交通费	日元
	日元	服装费（含清洗费）	日元
	日元	交际费	日元
	日元	（交际费的内容：　）	日元
	日元	娱乐费	日元
	日元	（娱乐费的内容：　）	日元
	日元	其他（用途不明）	日元
	日元	零花钱	日元
	日元	嗜好品（酒、烟）	日元
	日元	理发美容	日元
	日元	化妆品费	日元
	日元	宠物饲养费	日元
	日元	其他费用等	日元
该月收入小计①	日元	该月的支出小计②	日元
上月的滚存额	日元	到下月的滚存额	日元
收入合计	日元	支出合计	日元

※年收入　约　　万日元

奖金、补助等　每月约　　　万日元　　该月的差额①－②　　日元

（年　回）　每月约　　　万日元

---

① 收入小计。

② 支出小计。

之后，我发现这种方法对很多人都有效。**预先认识到自己比较在意的因素，就能够明确自己的问题所在。**直面不安，自然而然地推动问题的解决。

我意识到这样做能够消除自己心中的不安，净化心灵，调整情绪。比如：

"公司办公桌太乱了，我想收拾一下，这样用起来比较方便。"

"最近都没陪孩子玩。想和孩子多点交流，也想和妻子多聊聊天。"

"不知道上司对我的工作是否满意，近期要好好做出成果来。"

"最近感受不到人生的乐趣，也没什么干劲。要不好好休息一阵吧。"

像这样写下来。不单单是不安，最好把想到的应对方法也加上，你可以把这些都写到"梦想笔记"里。

计划实践中要做的七件事

终于要开始实践了。在90天的时间里希望大家做到以下七件事情。

1. 阅读书籍

2. 记录家庭账本

3. 通过新标准来掌握金钱的用途

4. 每天在梦想笔记中写3行日记

5. 不使用信用卡（先用后付的结算方式）

6. 算清借款

7. 与自己做一些小约定

1. 阅读书籍

在工作中，我发现存不下钱的人关于学习的意识大多较为薄弱。"金钱"与"学习"有着密不可分的关系，没有学习欲望的人，对待金钱的态度也会比较随意。

如果连生活方式上都如此随意，那可是巨大的遗憾。对所有的事物漠不关心、缺乏干劲、惰性大、自卑，结果就会导致金钱的流失。一点一点地开始在行动上做出改变吧。

这里我**推荐的是阅读**，所以你选择的书籍并非一定要和金钱有关。

书中的字词句，凝聚的是作者在自身经历中学习到的"想法"。作者在书中倾注了热情，希望读者能够好好运用那些经验和建议，而阅读能够将这些想法融会在一起，是个轻松愉快的学习过程。

去书店寻找自己感兴趣的书籍，养成从他人的言语中体会思考方式的习惯。

可以先给自己制定好"在这段时间里要看××本书"的目标。

2. 记录家庭账本

个人认为，**记录家庭账本的目的就是把握金钱的整体情况以及去向**，而并非事无巨细地进行管理，彻底避免不明费用支出。

了解到现实情况，就不会只是从主观上告诉自己"应该差不多是这样吧……""肯定能做成吧……"。养成习惯后，还可以通过看记录下的数字来自我控制，注意到自己之前是如何根据主观想法来花钱的。**你不用把自己逼得太紧，先带着轻松的心情开始吧。**

第1个月可以先从简单的记录开始。只需要在账本上写下使用过的金额，养成记录的习惯就可以了。

看到实际数字，你肯定觉得很惊讶吧。原来这与自己心中所想的数字有着这么大的差别："每天在外面吃饭原来花了那么多钱啊""手机话费异常高啊"。就带着这些想法，去制定新的目标。

从下一个月开始，要根据上个月的结果来做出预算，这也挺有意思的吧。如果你已经结婚了，那就和你的另一半聊一聊金钱这个话题。

如果已经有预算和理想支出，那就可以**准备一些信封，然后把饮食费和交际费等各个项目的预算分别装进相应的信封，**这个技巧也很有效果。

3. 通过新标准来掌握金钱的用途

通过记录家庭账本，用"新标准（消费、浪费、投资）"来了解自己的金钱用在了何处。

记录家庭账本的优点就在于，可以通过眼睛来了解 "消费、浪费、投资"的比例，这样说，一点也不为过。

在家庭账本中可以稍微下一点小功夫，就是准备出"消费∶浪费∶投资"一栏。

不过，如果在每日开支的合计部分里加入这一栏，那么每天都要计算，十分麻烦。所以，可以在1周结束的时候（比如在星期天的部分里）加入这一栏。

不管是1天计算一次，还是1个月计算一次，都不太方便，**1周计算一次最为合适**。

为了方便合计1周所花费的金钱，还有一个技巧。我建议可以使用荧光马克笔来标出不同的颜色。先在本子上写下支出的金额，然后再用马克笔涂上一层颜色。

我平常给客户的建议是这样的。

● 消费：黄色

● 浪费：红色

● 投资：蓝色

用不同的颜色来区分，既方便合计，又一目了然。瞬间就能够判断出来，"糟了！红色的部分好多！"。

简单又易懂，所以有不少人在记录家庭账本时用过一次这种颜色区分的方法后，就再也离不开它了。其便利之处在于：

能告诉你自己现在的（消费、浪费、投资）构成如何，接下来应如何变化。

一定要试试看。

我的客户已经能够熟练地用颜色来区分消费、浪费、投资的花费。来公司面谈家庭收支情况的时候，开头第一句话经常就是"这个月是74：4：22（消费、浪费、投资的比例）""不行啊，这次是79：10：11"。

在一般的理财规划师事务所，他们的对话内容通常都是"这个月有2万多日元的赤字"之类。

新标准（消费：浪费：投资）
一看就能了解用途

3/7（周四）		3/8（周五）	
面包店	372	超市	1854
书费	770	看电影	1900
书费	1430	热狗 果汁	620
看牙医	2000	电车费	800
出租车	580	袜子3双	1080
计	5152日元	计	6254日元

那天下雨了，所以就打车了……

——————（消费）

- - - - - -（浪费）

～～～～～（投资）

4. 每天在梦想笔记中写3行日记

用自己的话把当天的感受写下来，不需要加任何修饰。其实就是写"日记"。在梦想笔记里写下二三行话。

"最近都没去便利店买东西，结果瘦下来不少！"

"工作中没有目标，好讨厌啊。"

"心里充满了不安。"

就像这样，想到什么就写什么。泄气话也可以写，把内心的想法都吐露出来。

几天下来，你就会看到自己的心理变化。然后通过调整心情，就能够继续为努力带来动力。

5. 不使用信用卡（先用后付的结算方式）

在这90天存钱计划实践过程中，一定要贯彻"现金主义"。如果用的是先充值后使用的卡，用1～2种倒也没关系，毕竟最近使用无现金支付的人比较多，但先用后付方式绝对不行。

不管是能够攒积分很划算，或者是可以用于抵扣电费、燃气费，还是方便购买高价商品，这些都不是使用信用卡的理由。

如果贯彻现金主义，就无法维持生活，那就说明你在金钱平衡上可能出现了问题。

可以使用信用卡的人，应该是那些即便不使用信用卡也不会对生活造成影响的人。

现金主义生活带来的改变，不亲自试一试就无法了解。不可思议的是，当你把信用卡支付全部换成现金支付后，之前不经意间花出去的钱就会一下子减少很多。

我们可能只有亲眼看到钱花出去，才会意识到"这是浪费"。如果能了解到这一点，就太好了。

6. 算清借款

不管金额多还是少，只要有借款，包括信用卡的使用以及贷款在内，都要写到家庭账本中。

银行为了让我们使用信用卡，下了很多功夫，所以我们极其容易在不经意间就出现借款无法还清的情况。

为了防止这一点，首先要了解清楚自己的还款情况。

- 借款方
- 借款余额

- 利率（％）

- 贷款从什么时候开始的

- 每月的还款额和还款日

- 最后还款日期

大家可能不太想看到这些现实，但还是要把它们如实地都算清楚。

把目前的借款情况全部写在一张纸上，你可能就会得到非常直接的体会，像是"不想使用这张卡了，把它注销了吧""如果我一直使用定额分期付款，借款就永远都还不完，还是别再用了""我的信用卡是不是太多了"。

带着这些感受，再想一想应该要怎么做。通过节约或其他办法，即便稍微辛苦点，只要能解决就还算好。如果解决不了某些问题，那就需要引起重视了。

换句话说就是，当你需要靠借款（透支取现、定额分期付款）来维持生活，借款就会越来越多。最后只能用新的一笔借款来还上一笔借款，这种情况下，那就别独自烦恼了，还是向专家咨询吧。

7. 与自己做一些小约定

前文中，我曾提到在实际存钱时，有很多希望大家去挑战的地方。

请大家试一试接下来的内容，它们全都有助于提升存钱力，而且充满乐趣。

- 控制自己购买东西的欲望。
- 尝试一下瘦身或肌肉训练。
- 打扫屋子。不只是卧室和客厅，还包括玄关、浴室、冰箱。

（根据我的经验，存不下钱的人冰箱会非常脏乱！）

- 把家里不需要的东西都卖掉，如果卖不掉那就扔了。
- 找到引导者，不仅在金钱方面，还能在人生方面为自己指引方向。
- 要更加重视时间（减少时间的浪费，重新审视自己的生活方式）。
- 在休息日关掉手机。
- 按优先程度制作愿望清单。
- 把自己想做的事情、不想做的事情写下来。
- 定一个预算，然后特意买一件平常不买的物品（感受金钱的力量）。

- 用自己拿手的事情给予他人帮助。
- 想一想自己真正的伙伴和助力者是谁。
- 观察身边的"有钱人"，关注其思考方式。
- 令人喜欢的有钱人和令人讨厌的有钱人之间有哪些不同，自己去定义。

（如果周围没有"有钱人"，可以通过短视频平台这些了解有钱人的生活状态。）

- 寻找并参与环保行动。

为什么要这么做，意义是什么，大家可能会觉得一头雾水。不过，这些内容不是我随随便便列出来的。

在提高金钱意识的这个时期，去积极挑战金钱之外的内容也非常适合。乍一看可能会觉得上述内容没什么意义，但它们确实能够在金钱以及精神上给你带来积极作用。我的客户就体会到了很大的变化。

所以，相信我，试试看。如果你有其他想要去尝试的事情，那就行动起来吧。

计划实践结束后要完成的四件事

在完成90天存钱计划后，为了更清楚地体会到收获，一起来回顾一下成果吧。

- 在此期间，你觉得最不容易的事情是什么？
- 一开始设定的目标（存款金额，消费、浪费、投资的判断等）是否达成？
- 坚持记录家庭账本和梦想日记了吗？
- 有什么新发现吗？（自己的性格、金钱、生活中的事情）
- 自己在意的事情得到解决了吗？
- 有好好遵守和自己的小约定吗？
- 有养成新的习惯吗？

回顾完以上内容，接下来就来完成以下四件事吧。

这些关系到你能否继续保持这些好的转变，能否带来本质性变化，所以一定要注意。

1. 通过90天的梦想笔记以及家庭账本来了解自己
2. 为了养成习惯，要反复实践90天计划
3. 灵活调整
4. 通过数字做到自我控制

1. 通过90天的梦想笔记以及家庭账本来了解自己

在计划实践过程中，大家都使用了梦想笔记和家庭账本吧。梦想笔记有大家随心写下的梦想、目标、想要做的事情以及日记。而家庭账本则记录了金钱的去向，还有消费、浪费、投资的分类及占比。这些都会反映出你的状况。

翻看一下梦想笔记和家庭账本，看看在计划实践期间的你是怎样的呢？

梦想笔记所反映出来的是原原本本的你，包括思考模式、在意的事情、不安与期待、想要完成目标的意志力、性格等。

而记录着金钱流向的家庭账本会更强烈地将你的性格表现出来。

在不失礼的情况下，我会对客户说"请让我看一下支出。

它会如实反映出你是什么样的人"。对于我来说，比起那种没效率的对话，还是这种办法更加有效。

但是，这并不是我的特殊能力。

而是因为**金钱的使用方式和生活方式之间有着密切的关系**。

通过家庭账本回顾自己，能够从客观的角度去看待自己。和梦想笔记相比，家庭账本中没有心情的抒发，也没有借口的存在，所以其实能够更加清楚、准确地反映一个人。

实践完这项存钱计划，你会了解到两点。

那就是你的"现在"和"以后"。

"现在"可以从家庭账本中看出来，里面记录了你目前所使用金钱的情况。

"以后"则可以通过90天存钱计划家庭账本中"消费、浪费、投资"的比例变化反映出来。

不管你有多了解"现在"的自己，如果不能给"以后"的你带去变化，那就没有意义，可能还会让你因此失去自信。这就是为什么我会希望大家用新标准来记录收支，即便过程稍微有些麻烦。

"不能单凭金钱管理状况去判断一个人吧？"

可能也有人会产生这样的疑问吧。确实，金钱的使用方式并不能定义一个人。

因此，除家庭账本之外，还要准备能够记录生活、记录想法的梦想笔记。

我自己尝试之后，发现可以从表面的行为分析出自己的本质。从表面上来看，我基本上不投资（不是股票之类，指的是自我投资方面），而是把钱花在智能手机和保险这些无形的东西上，喜欢美食。从中可以发现我很少为自己花钱，不安感可能较强烈，总会没来由地乐观。

2. 为了养成习惯，要反复实践90天计划

我的客户中有很多"金钱问题儿"。从他们实践计划的效果来看，有一些趋势是共同存在的。

能够存下钱来的成功模式，通常不是在第1次挑战90天存钱计划的时候，而是在第2次、第3次的时候，效果才较为明显。

但这说到底只是趋势，也有例外的情况。相反，在第1次实践计划时就获得成果的情况下，为什么之后效果不能持续呢？那是因为：

金钱相关的知识以及思考方式等这些是基础，需要花费比90天更长的时间来学习，这样效果才会更加稳定，你才能真正提升存钱力。

因此，不要只挑战1次计划，重要的是反复实践。不管几次，只要坚持就必然会收获成果，不要着急，安心实践。

第1次挑战时，如果在做法的理解上以及准备中遇到棘手的问题，一般在第2次及以后的挑战中就能够轻松解决。换句话说，就是花费的精力更少了，这也就证明了自身的风格和方式正在逐步形成。

反复实践，就会"成为习惯"。为了存钱，记录家庭账本，不使用信用卡，可能也有人会觉得这些行为很有压力。但通过反复实践之后，你就能在不经意间做到很多原以为不可能的事，让存钱变得高效率、无压力。

然后，就可以渐渐地开始考虑累积型NISA和iDeCo这些投资。

即使没有立刻获得成果也没关系。"没有像我预想中做得那么好"这份不甘心，最终也会带你走向成功。

顺便说一下，能够持续获得效果的人，通常是以放松的心态去实践存钱计划的人。**不要把自己逼得太紧，在快乐中实践也是诀窍之一。**

"为了能够持之以恒"

不仅是对于这个计划来说，其实学习、肌肉训练、瘦身也一样，**最大的难点就是持之以恒。**

做到坚持的最短路径就是，想办法形成自己的风格与方式，并且反复实践。

如果能够做到这一点，就相当于成功了。

有些人可能会觉得能够存下钱的人一定有着更强大的意志力。但实际上真的是这样吗？

其实那些能够出色完成计划的人，其意志力也并不强大，而是明白"光靠自己的意志力能够做到的事情是有限的"。

是不是觉得很不可思议？也就是说，其实实际情况和你的预想可能是相反的。

这样的人一开始就察觉到自己"意志力较为薄弱，所以需要计划的帮助"。于是，就会去寻找方法来弥补这一点。比如以下方法。

- 要努力存钱，给自己买这个→奖励型
- 看到账户中的存款越来越多，感受到幸福→自我满足沉默寡言型
- 通过第三方的监督，来保持动力→鞭策型

这些都是避免半途而废的方式。

3. 灵活调整

90天存钱计划实践结束后，再次设想一下理想中的自己，并以此为目标进行"调整"。

比如以下案例。

- 不要太过死板

在第1次的90天存钱计划中，目标是改掉每天早上去咖啡店买咖啡的习惯，却怎么也做不到。这时候，你可以改变一下计划。在第2次实践计划时，将目标调整为从原本每周买5次减少为每周买2次。

在实践计划时，会发生很多变化，但这些变化并不都是好的，还有人偏偏在这段时间里遇到很多麻烦事。

其实，在我遇到的客户中，也经常有人碰到这样的情况。在计划开始前，什么事都没有。但开始挑战计划之后，却突然发生一些情况，像是亲属遭遇不幸，需要回老家，由此产生了大量的交通费；或者是因为牙疼，需要长期去牙科诊所治疗；也有冰箱突然坏了、车突然坏了的情况。

如果生活中每次遇到变化，都会让你内心产生动摇，丢失理想的自己，那么就不可能保持自我轴心。

人生就是充满了变化，但不管发生什么变化，都要冷静地去面对，经常在心中勾勒理想的自己。

4. 通过数字做到自我控制

前文提到过，**看到自己日常记录的数字，就能够了解自己的"现在"和"以后"。**

反复实践90天存钱计划的人就是明白这个道理，才能够做到通过数字来控制自己的消费情况，包括控制自己的情绪。

从"通过数字了解自己"，到"通过数字做到自我控制"。

这到底有什么不同呢?

你是不是曾有过这样的感想:"这个月花的交际费好多啊,饮食费也比平常花得多……"

如果你没有在控制数字(哪怕只是粗略的),是不会产生这般感想的。长期不改变花钱方式的人,即使有个月花的钱特别多,也不会注意到。

基于对数字的掌握,行动上才会出现改变。"还是减少一些交际费吧。饮食费也要节制一些"——这就是通过数字做到自我控制的开始。如果能够坦率地接受自己的数字,并毫无压力地通过行动进行改善,那就真的是太好了。

这完全就是一种掌握平衡的感觉。有些人就算没有在家庭账本和金钱上花心思,也能自然而然地为自己所喜爱的旅行匀出费用。这并不是因为他们的收入有多高,而是这些人非常善于掌握平衡。

了解自己喜欢的旅行爱好的花销项,平常自然而然就会注意控制其他支出,减少不必要的花费。

像这样自然而然地做到这些,就是"通过数字做到自我控制"。因为你所拥有的自我轴心中有价值观的存在。**这也说明了在存钱上,决心是最重要的。**

通向成功的五个要点

在90天存钱计划的实践中，在通向提升存钱力的道路上，大致要注意五个要点。

要点一　梦想和目标

要点二　属于自己的价值观

要点三　付诸行动

要点四　制订计划

要点五　信念

实现一开始写下的那些梦想和目标，是只属于你的幸福追求，不管是小目标还是大梦想都可以。在心中如实地勾画出自己的欲望。如果不去设想，就永远无法实现。

另外，请养成将想法落地的习惯。可以先从小事开始。

3个月后，要在旅行专用存款账户里存够5万日元！

90天后，要和家人一起去豪华一些的餐厅吃饭。

争取能够说一点英语！

学习相关知识后尝试一下投资！

…………

一个接着一个，为实现梦想而挑战。人不会忘记真实体验后获得的成就感。

延伸新的价值观，朝着不同于以往的阶段出发。

将决心凝聚在金钱中

"想去旅行"的这份决心会成为一种动力，从而让你自然而然地把旅行费用存下来。要说这时候数字和情感哪个起到的作用更大，那肯定是情感。换句话说，同样都是"存3万日元"，但是单纯为了存钱而存钱和为了去泡温泉而存钱，得到的效果是完全不一样的。

但如果只有愿望，也无法存下钱来。"用数字来支持情感的方法"才是上策。不过，让我们先来估算一下除去数字后，仅仅靠情感去存下钱的可能性。

希望带给某个人幸福，希望让家人开心快乐，希望能够成功做成某件事……

虽然这些理由听起来有些青涩，但反正也不是说给别人听的，所以没关系。把愿望牢牢放在自己的心中。想要给自己以外的某个人幸福，从现实角度来讲，至少是需要金钱的。不管是带恋人去饭店吃饭，还是带家人去迪士尼乐园玩，都需要金钱。

就我而言，家人就是动力，他们支持着我不断努力提高存钱力。

我希望带给家人的不只是一时的快乐，所以才会不断努力工作。虽然听起来有些单调，但是我一直认为工作做得好就会带来金钱。

从金钱上来讲，曾经的我也遇到过困境，但后来也逐渐改善。现在我和妻子以及5个女儿一起生活得非常开心。决心能够吸引来金钱。

如果你心怀愿望却仍然没有实现，那可能是因为那份决心还不够强烈，只是想着"要是这样就好了"，还没有到"非这样不可"的迫切地步。

我可以保证：实现自己真正的愿望需要的就是存钱。将决心凝聚在金钱中吧。

第5章

致 90 天后
想要开始投资的你

基本的投资，就是通过累积型 NISA 和 iDeCo 来投资信托

经过90天的实践，你逐渐积累了一些存款，接下来想的可能就是如何增加更多金钱。那么，**考虑一下投资吧。**

有些人会觉得投资很可怕，觉得可能会带来损失。但这里介绍的投资，只要你鼓起勇气尝试，应该不会让你后悔。

不过，**不要把目标放在1～3年短期内的成果**，也不要想着在短时间内赚大钱，从10年以上的长期视角来考虑。也就是说，**要把生活中暂时不会用到的钱拿出来尝试投资。**

另外，对于投资新手来说，"投资信托"比较适合。

"投资信托"，就是多只股票和债券等组合而成的产品。特点是投资对象分布较广，不太会出现较大的损失。虽然不能

单利和复利的区别

按本金100万日元，利率10%来计算

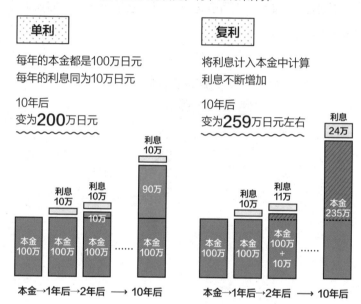

单利

每年的本金都是100万日元
每年的利息同为10万日元

10年后
变为**200万日元**

利息 10万
利息 10万
利息 10万
90万
10万
本金 100万　本金 100万　本金 100万　……　本金 100万

本金→1年后→2年后 → 10年后

复利

将利息计入本金中计算
利息不断增加

10年后
变为**259万日元左右**

利息 24万
利息 10万
利息 11万
本金 235万
本金 100万　本金 100万　本金 100万+10万　……

本金→1年后→2年后 → 10年后

说有多大的收益，但由于是复利[①]，从10年、20年这样长远的眼光来看，肯定是能够带来增长的产品。

———————————

　　① 所谓复利，就是将每一次的利息计入本金中重新计算，是一种滚雪球式增加资产的计息方式。

可能很多人知道这一点。在日本，投资信托也可以使用累积型NISA和iDeCo等税收优惠制度。

优惠程度如何，之后会进行说明，它绝对比一般的投资方式更有赚头。

两种各有各的特点，一起来看看吧。

这就是先要推荐给新手的投资信托

对累积型NISA和iDeCo制度有一定了解之后，大家应该都会想知道投资什么样的产品比较好。刚刚提到过"新手可以选择投资信托"，而这里想要推荐的是，**投资信托中的"全球股票指数型基金"**。

推荐的理由有两个。

第1个理由是投资对象为全世界所有企业的股票，**比较分散**。换言之，就是购买一只全世界株式的投资信托，效果就相当于分散投资全世界的股票。

第2个理由则是**"信托报酬（作为管理、运用投资信托的费用而支付出去的成本）较少"**。

投资信托可以分为"被动型基金"和"主动型基金"两种。

被动型基金，在日本比如日经指数、TOPIX，在海外比如S&P500、纳斯达克指数等股票价格的指标联动，所以手续费并不高。而主动型基金以超过这些指数为目标，投资专家（基金经理）经常会选择这种投资。因为费时费力，再加上人力费，所以手续费通常较高。

不断学习投资相关的知识，然后就能够以发达国家、新兴国家、日本国内等为对象进行指数基金组合投资。

比如说，经典产品有：

- "乐天全球股票指数基金"（乐天投信投资顾问）
- "SBI全球股票指数基金"（SBI资产管理）
- "eMAXIS Slim 全球股票指数基金"（三菱UFJ国际投信）

这些都是"全球股票"的投资信托。

不管是累积型NISA还是iDeCo，一开始都需要在证券公司或者银行开设账户。如果是在银行开设，那么能够投资的产品就是投资信托和面向个人的国债。如果你将来有可能会投资信托、国债以外的产品，那还是到证券公司开设账户。

累积型NISA等投资信托的累积从100日元就可以开始，非常适合想要从小额开始投资的人。我个人非常推荐网络证券。

但是，在实体办理窗口，有时会推荐金融机构想要销售的产品，而网络证券没有这些。网络证券虽然会通过邮件来宣传，但如果你没什么兴趣，可以直接忽略。

反过来说，因为必须自己去选择产品，所以也有人会觉得难度较高。不过，推荐给新手的产品（上述）也有不少，也可以从这里面进行选择。

只要把身份证号输入到手机的相关App中，就可以完成开设账户的手续。如果有不清楚的地方，可以打电话给客服，或者发邮件，也可以在线询问。

不过，通过金融机构开设iDeCo账户，通常需要1～3个月，所以想要开始投资的话，就尽快行动起来吧。

第6章

致仍然存不下钱的你

方法1 意识到他人的看法

在前面的内容中，我提到了用不同于以往的角度去观察和思考，并且运用新的自我轴心和价值观来制订各种计划，找到技巧。

大家现在应该都抱着想要存钱的强烈想法，用适合自己的方法在努力吧。但如果存款情况还是未能达到自己的预期，那么请再想一想。

这里有一个问题。

你的一位朋友总是存不下钱，于是向你询问存钱最有效的方法。下面有几个选项，你会选择哪一个作为建议呢?

1. 拿出存钱的决心。
2. 总之先别花钱，也就是要节约!

3. 看看身边有没有人可以让你放心地分享存钱经验和过程记录。

4. 先明确自己的梦想、目标、愿望，再开始存钱。

5. 考虑一下其他增加收入的方法！

这些思路对于存钱来说都非常重要，本书中也提到过很多次了。

但是，如果非要选一个"最有效的"，那就是3。

"重要"和"有效"是不同的。如果从"有效"的角度去考虑，**选项3，加上意识到他人的看法，向他人公开这样的要素之后**，效果就会得到明显的提升。我在工作经历中也感受到了这一点。

这个方法可以有以下几种做法。

◎ 给家人或朋友看自己的家庭账本。

◎ 在博客或个人主页上公开存钱的过程。

◎ 请理财方面的专家帮忙审视一下。

我的客户也会把家庭账本给父母看，或者把存钱的记录上传到博客上，结果获得了稳定的效果提升。

还有一种做法，就是去咨询像我这样的"个人金钱专家"理财规划师。我在接到家庭收支改造委托时，会建议客户定期（比如1个月1次）将其家庭收支状况给我看。他们意识到有我这样一个"监督角色"的存在，就会想办法控制自己不乱花钱。

朋友的大声激励、博客上的评论等，你得到他人的反馈时会觉得开心。将数字公开在网络上后，你努力时会得到夸奖，改不掉乱花钱的习惯时，也会有人指出问题。

分享给他人看，能够带来积极的紧张感。
为自己找到认真存钱的契机，沮丧的时候也能得到鼓励，保持良好状态。这可以说是很有效的方法之一。

方法 2　和自己对话

话虽如此，但是公开给他人看也存在缺点。

在他人面前轻率地说出存钱这件事情，还是不太好吧。

有可能会让人际关系出现裂痕，也有可能引起不必要的麻烦。

下面就是我的客户亲身经历过的事情。

● 因为金钱而导致关系紧张……

　　G在下班后和同事一起去吃饭，偶然聊到自己正在存钱。几天后，同事说发生紧急情况而向G借钱。

　　G虽然不情愿，但还是借给了对方。结果发生了借款纠纷，两人之间的关系变得非常紧张……

原本亲近的关系，却出现了令人遗憾的情况。

不管"和他人分享"多有效果，如果会因此引起麻烦，那么就不要勉强为之。

可惜的是，存钱这件事，从性质上来说，**应该是不告诉他人，默默实践。**

这也是存钱难的原因之一。

那么，到底该怎么做呢？

好不容易找到了"公开"这个存钱上的有效方法，但如果是无法给他人看的情况……这种时候，请想一想本书中提到的做法。

有一种方法既不用分享给他人看，又能够收获效果。在90天存钱计划中也出现过，那就是"记录下来"。

将数字和心情记录到梦想笔记和家庭账本中，这与分享给他人看所带来的效果是相同的。也就是说，你能够和另一个自己对话。

从中体会到对话般的感觉，像是"不错，这里做得很好""这样做不行"等。获得这般感受的方式，关系到其所带来的效果如何。

"和减肥的诀窍相同？"

说到默默实践，其实减肥也是如此。不过，如大家所知，在减肥中，"意识到他人的想法，将想法公开"也属于有效的做法。

但这种方法也有不奏效的时候。明明说了要减肥，却有朋友邀请自己去吃蛋糕自助餐，或者在聚会后硬拉着自己去拉面店……应该有很多人有过这种经历吧。

减肥的时候，也可以将过程记录下来。对结果的感受方式不同，也会带来不同的成果。

顺带一提，我自己也通过记录这种方法，成功在90天里瘦下来4千克。我可以自信地说，不管是存钱还是减肥，其实本质上都是一样的。

话又说回来，在第162–163页几个建议的选项中选择的人需要注意一下。是不是对前文中提到的那些做法产生了错误的理解？"保持决心"确实是我们需要做的，也非常重要。

但是实际上我们很难做到这一点，这也还是我们的弱点所在。所以，我才会在前文努力告诉大家如何想办法弥补这一弱点，如何为存钱制定计划并养成习惯。你错误地理解了有效存钱所需要的方式，这可能是你存不下钱的原因，所以请一定要抓住问题"本质"。

"谁都容易纵容自己"，这是事实。

方法 3 恰当地对待结果

　　自己身边发生的所有事情都是自己的责任，都是由自己引起的。

　　在自我启发类书籍当中，经常会看到这样的话。也就是某种意义上所说的"自作自受"。

　　虽然也有这种理解方式，但是**在现在这个不确定的时代"适当地看待结果"也是非常重要的，**不是吗？

　　来我这里咨询金钱问题的人，也有不少是对现在的自己完全失去信心的。这是由于现在经济上的不景气造成的，比如，工作时遇到万不得已的事情，也会觉得是自己的责任。

　　举个例子，有位客户的情况如下。

　　由于经济不景气,公司职员H(38岁)遭到了裁员。H一直认为自己是工作能力较强的人,所以深受打击。抱着"我真是没用……"的想法,失去了自信,也没有了工作的动力。当然,家庭收支情况也遇到了很大的危机。

　　金钱相关的事情确实和生活以及本人的性格有关。

　　但是,**并非有果必有因**。换句话说,并不一定是因为你能力不足,才导致公司倒闭或者你的工资下降。就算你一直揪着这一点不放,存款也不会因此积累起来。所以不如**适当地消化结果**吧。

　　总之,即使结果不尽如人意,也不要总觉得是自己或是他人的错,不要执着于过去。**过去发生的事情只是一个参考,多想一想今后该如何做才更具建设性意义。**

　　自己能够存下钱来!在实践存钱计划的过程中,感受喜悦,获得自信,打消心中的不安。

如果你能够通过本书的方法，成功存下钱来，实现目标，享受乐趣，度过困难时期。从某种意义上来说，也算是掌握了一项现代处世之道。

方法4 不要埋怨环境

相反，也有很多来咨询家庭收支情况的人经常会找理由说"我的成长环境不好""都是因为我没有受过良好的教育……"，或者对之前的生活习惯频频感到后悔。

让我们来看看自己的"现在"吧。

目前自己所处的环境既有自己创造的，也有不是自己创造的。自己无法控制的问题，比如公司倒闭造成家庭经济情况恶化、遗传因素导致的疾病、父母的贫困或不和、意外事故……这些经历肯定让人很痛苦，但这些确实都不是你的错。

但是，我是一名家庭收支改造顾问。只是对客户的经历抱以同情解决不了任何问题。所以，即使听到这样的状况，我也会狠下心来说"所以怎么了？"，努力在金钱方面为对方带来良好的变化。

虽然听起来很严格，但是**如果只是悲观地接受存不下钱的结果，也不想要改变的话，那就等同于自暴自弃。**

明明还有改变的余地，却不去直面不安，而去埋怨父母、公司、社会，最后只会使情况持续恶化。危机和机会一样，也总会来到你身边。

这些危机，尤其是金钱问题上的危机，其实是可以避免的。

我的客户中，既有拿着高收入却来咨询家庭收支问题的，也有在父母的虐待中成长，但却能一点一点将金钱积累下来后过来咨询理财的。看到这样的现实情况，我也明白了，一味地埋怨过去或现在的环境并不是正确的做法。

如果真的处于不利环境中，那就更要从困境中逆袭。

有一个这样的例子。

● 不是环境的错!

　　I在26岁的时候就已经拥有金额可观的存款。I在上中学的时候，父母双亡，他靠国家和亲戚的资助生活。在金钱方面，I显然是不受眷顾的状态。I选择放弃读高中，开始工作，但收入一直很低。不过，I对金钱精打细算，顺利地增加了存款。现在其目标是经营一家小型美容院。存款大约为650万日元。

　　你也要像I一样制定自己的目标，并努力去实现它。

　　穷人家的孩子并非一直穷，贫富差距也并不会"世袭"。重要的是"你现在是否努力了"。

方法 5　将短处变为长处

就像前文中所说，**环境中存在不利因素的人，更有可能发生大变化，变得更加强大**。就如同钟摆原理一样，作用力根据摆幅的不同而不同。

如果摆到负角度，那么钟摆带来的反作用力会使得反弹的角度更大。如果只是轻轻地摆动，那其反弹后的角度也会相应较小。

想要存钱、想要改变人生时也是如此，所以不要悲观。现在的你受困于金钱，但有着在富裕和温室环境中成长起来的人所没有的"催化剂"。

请把不利因素当成是一种幸运。

身负100万日元借款的人，必须把这些钱还清，因此，他也能够以此为契机，改变自己不良的金钱体质。等还清借款后，平常用于还款的那些钱就可以作为存款不断积累下来，这一点也希望大家能够认识到。

总之，看起来充满不幸的过去，其实是你的"长处"，因此，你在存钱上其实处于优势地位。

"为什么存不下钱"核对清单

对于存不下钱的你而言，回顾一下前文提到的方法很重要，但家庭收支方面也要重新审视一遍，看看是否存在问题。请确认自己是否有以下这些问题。

[固定费用]

☐ 手机的话费套餐以及选择的通信公司是否适合自己？

☐ 你是否有怎么也还不清的不良借款或贷款？

☐ 房租是否合适？（尤其需要注意支出占比最大的部分）

☐ 有在饮食费上想办法节省吗？

☐ 有重新审视过人寿保险吗？

☐ 酒、烟的花费是否过度？能否戒烟？

☐ 是否注意到使用汽车的费用？

☐ 是否存在无意义的交际费？

☐ 是否认为水费、电费、燃气费是怎么也减少不了的费用，所以就随意使用水、电、燃气？

□ 是否有忘记取消的订阅服务，或者在健身房交了费用却没怎么去的情况？

□ 是否对包括赚快钱的方法动心过？

□ 是否为图方便而每天去逛便利店？

[其他]

□ 家庭账本的记录是否至少有90天？

□ 是否已经不再使用信用卡支付方式？

□ 使用方式的新标准中"投资"的比例是否提高了？

□ 身边是否有存钱专用的东西（银行账户、存钱罐）？

□ 是否有透支取现等借款行为？

□ 是否考虑过其他增加收入的方式？（配偶是否有兼职工作？）

如果觉得自己有做得不好的部分，就赶紧去改善吧。